단독
전원주택
설계집

—

HOUSE DESIGN
FOR LIVING

Prologue

—

다음 설계집에 당신의 집이 수록되기를

단독주택이나 전원주택을 지은, 흔히 '건축주'로 표현되는 이들에게 계기를 묻다 보면
다양한 사연을 접하게 된다. 아이들이 아파트에서 까치발을 들고 다니는 게 싫어서,
연로하신 부모님에게 노후의 편안함을 드리기 위해, 너무나 익숙한 공동주택에서
벗어나 가족만의 울타리가 절실해서, 지친 자신을 자연 속에서 회복하고 싶어서,
건축가의 상상력이 가미된 공간이 주는 매력을 만끽하기 위해 등등.

그런데, 막상 완공된 집의 문을 열기까지 지난했던 과정에 이르러선 하소연도 심심치
않게 들린다. 그도 그럴 것이 내가 어떤 집에 살고 싶은지, 스타일이나 디자인은
어떻게 할지, 원하는 규모나 공간은 어떻게 설정해야 할지 당장에 시급한 큰 그림이나
절차조차 막막하기 마련이다. 더구나 '설계사나 시공사에 맡기면 알아서
해주겠지'라고 생각하면 애초 의도와 달라질 수도 있다. 그래서 건축주들은
이구동성으로 잘 지어진 주택 사례를 앞서 더 많이 경험하고 참고하지 못했다는
아쉬움을 토로한다.

이번에 '전원속의 내집'이 <단독·전원주택 설계집 A1, A2>를 엮어서 두 권의
단행본으로 내놓았다. 독자들의 발품을 확실하게 덜어줄 많은 주택의 설계안과 시공
사례를 세심하게 선정하였다. 최소한의 규모부터 대가족이 어울려 사는 집, 합리적인
비용의 집에서 고급스러운 집, 에너지에 더욱 신경 쓴 집부터 공간의 미학적인 매력을
녹여낸 집까지 성공적인 집짓기의 다양한 사례를 담았기에 집짓기를 꿈꾸는
이들에게 적지 않은 참고가 되리라 확신한다.

독자께서 찾고자 하는 집에 대한 많은 힌트를 본 도서에서 얻어갈 수 있기를, 그리고
다음에 출간하게 될 설계집에는 당신이 고대하던 미래의 집이 수록될 수 있기를
바라며, 앞으로 펼쳐질 당신의 집짓기 여정에 힘찬 응원을 보낸다.

Contents

Contents

내구성과 공간 활용에 유리한 중목구조
청라 잉클링스[INKLINGS]

어떤 공간에서 살아갈
것인지에 대한 답으로,
가족은 나무로 지은 집과
나무로 둘러싼 정원에서
책을 나누며
매일 새롭게 자란다.

❶ 여러 소재의 세라믹사이딩으로 외피를 구성했지만, 매스에 맞춰 적용해 선이 깔끔하게 맞아 떨어진다.

❷ 각각의 매스에 다른 지붕 경사각을 부여해 독특한 리듬감을 형성한다.

❸ 커뮤니티실과 거실 사이 널찍하게 펼쳐진 데크 공간은 실내와 실외의 중간적 활동을 즐기기에 좋다. 아이들이 햇볕을 피해 간이 풀장을 펴고 물놀이를 하거나, 아빠는 천장에 설치한 철봉 등 운동기구로 체력 단련 삼매경에 빠지기도 한다.

❹ 주차장 카포트 바로 옆에 현관문을 배치해 날씨에 관계없이 오가기에 편리하다.

❺ 다섯 식구가 사는 집인만큼 신발 양도 상당했다. 큰 신발장 대신 팬트리처럼 공간을 만들어 신발과 그 외 물품을 한꺼번에 수납했다.

대지위치	**연면적**	**구조**	**창호재**
인천광역시	190.10㎡(57.50평)	기초 - 철근콘크리트 매트기초 / 지상 - 벽 : 중목구조 구조목 + 내벽 S.P.F. 구조목, 지붕 : 2×10 구조목	YKK ap-APW 430, KCC 창호(35㎜ 5로이 12단열 아르곤)
대지면적	**건폐율**		
380.50㎡(115.10평)	34.71%	**단열재**	**철물하드웨어**
		수성연질폼 105㎜ + 스카이텍 8㎜	KANESHIN
건물규모	**용적률**		
지상 2층	49.96%	**외부마감재**	**에너지원**
		외벽 - NICHIHA(니치하) 골형 금속 세라믹사이딩, 세라믹사이딩 / 지붕 - NICHIHA 요코단 루프 S(블랙)	도시가스
거주인원	**주차대수**		
5명(부부, 자녀 3)	2대	**담장재**	
		노출콘크리트 등	
건축면적	**최고높이**		
132.09㎡(39.95평)	8.85m		

"'어디서 살 것인가'라는 말이 가슴 속 깊이 찌르고 들어왔습니다." 오랫동안 참여해왔던 독서 모임에서 건축주는 어느 건축가가 쓴 책을 읽게 되었다. 책은 건축주에게 의문 없이 매일 당연하다는 듯 살아왔던 어디서, 어떻게 살 것인지, '집'에 대한 여러 뜨거운 화두를 던졌다. 건축주의 마음에는 작은 불씨가 지펴졌다. 문득 아이들에게 자유로운 일상과 TV 속 변화가 아닌, 매일 변하는 자연을 직접 만지고 느끼게 해주고 싶었다. 독서로 자연스럽게 이어지는 환경과 차분히 스스로 돌아보며 신앙을 가다듬을 공간도 마련하고 싶었다. 결심하고 스스로 취향과 원하는 바를 돌아보며 설계에만 1년을 쏟았다. 수미가 주택의 정용운 대표를 만난 것도 그즈음이었다. 정 대표의 중목구조 주택을 직접 둘러본 일은, 건축주의 생각을 '공간'이라는 개념에서 '집'으로 구체화하는 데 큰 역할을 하며 깊은 인상을 남겼고, 집으로 이어졌다. 마당과 독서와 모임이 있는 집, 자유로운 변화와 시간을 만끽하는 이 집에, 건축주는 '잉클링스(Inklings)'라는 이름을 붙였다.

내부마감재
벽 – LX하우시스 천연벽지, 2×10 구조목 노출,
스기 루버 / 바닥 – 한솔 강마루

욕실·주방타일
비숍 세라믹 수입타일

수전·욕실기기
아메리칸스탠다드 웨이브 스퀘어

주방가구
ANALOG(김후동 대표)

조명
스위치 르그랑 아테오, 보보조명, 윤씨네 조명

계단재·난간
계단재 – 화이트 오크 제작 / 난간 – 중원유리
강화유리

현관문
YKK AP inno best D50

방문
EIDAI SKISM S–도어 라인

붙박이장
리바트

데크재
릴코리아 3D EMBO SOLID 19㎜

조경
엘림 플라워 가든

전기·기계
이레 전력공사

설비
원진ENG

사진
변종석

설계
스튜디오 인플럭스(이우진 대표)

시공
수미가 주택
www.sumica.co.kr

잉클링스는 C.S.루이스나 J.R.R.톨킨 같은 걸출한 작가들이 속해 종교적 교감과 이성의 교류가 이뤄졌던 영국 옥스퍼드 대학의 유서 깊은 독서 모임 이름으로, 건축주도 집이 이런 공간이 되기를 건축가에게 전달했으며 이는 주택 곳곳에 녹아들었다. 주택은 반듯한 대지 위에 정원을 품은 'ㄱ'자 형태로 단정하게 앉혀졌다. 진입로에 가까운 현관을 통해 주거영역에 들어서면 중목구조 특유의 넓은 공간 속에서 주방과 식당, 그리고 거실까지 주택의 반 이상의 공간을 막힘없이 한눈에 담을 수 있다. 그중 거실은 흔한 TV 대신 집 이름에 걸맞게 보는 이를 압도하는 벽면 전체를 채운 책장이 자리해 있고, 위로는 긴 브릿지가, 오픈된 천장은 육중한 목구조 보가 만드는 지붕선이 시선을 사로잡는다. 식당과 주방, 거실, 가족 드레스룸과 욕실까지 가족이 함께 쓰는 공간들은 1층에, 구성원 개개인의 프라이버시가 존중되어야 하는 공간들은 모두 2층에 올라 있다. 쌍둥이와 막내, 아이가 셋인 만큼 아이 방은 공간 분배에 있어 여러 고민이 녹아들었다. 그중 쌍둥이 방은 현재는 오픈된 하나의 방이지만, 후에 쉽게 방을 나눠줄 수 있도록 골조부터 출입구까지 미리 준비해뒀다. 커뮤니티실은 별도의 출입구 외에 실내에서는 2층을 통해 드나들 수 있도록 동선이 고려되었다. 주택은 하나의 건물이지만, 실질적으로는 두

권역으로 나뉜다. 일상을 영위하는 메인 주거 영역과, 커뮤니티실이 그것. 대청마루와 같은 데크 공간을 사이에 두고 건너편에 자리한 커뮤니티실은 면적은 작지만, 천장을 오픈해 공간감을 극대화하고, 별도의 주방과 출입문, 욕실을 갖춰 독서 모임과 신앙 커뮤니티에 집중할 수 있도록 구성했다. 커뮤니티실은 진입로에서의 출입 동선도 콘크리트 벽으로 구분하며 별도로 갖추었는데, 덕분에 오히려 교회 뒤뜰의 차분하게 명상할 수 있는 산책로처럼 쓰기도 한다고. 건축주는 새집에 입주하고 크게 느낀 점에 대한 질문에, "자신도 몰랐던 자기가 좋아하는 것을 발견하는 것"과 "감사하는 마음"을 꼽았다. 집을 지을 때만 해도 건축가에게 '편한 관리'를 최우선으로 고려해달라고 했는데, 지금은 곳곳에 나무를 심고 가꾸느라 바쁜 자신의 변화에 많이 놀랐다고. 또한, "집짓기에 관여하는 수많은 분의 노고로 쉽지 않은 과정들을 무사히 지날 수 있었다"며 집을 나설 때마다 감사한 마음으로 기도한다고 전했다. 시간이 지나면서 집을 이루는 구조목의 나뭇결도 점차 그윽함을 더하듯 아이들도, 어른도 물놀이에, 축구에, 때론 진득하게 책에 몰입하거나 모임을 나누면서 곳곳에서 여러 가지 방식으로 집에 스며들고 있다. '어디서 살 것인가'에 대한 가족의 답은 이 집으로 충분한 듯하다.

❻ 주택의 정체성이자 중심 공간인 거실. 2층 높이에
달하는 책장은 골조 보강과 구조적 결합을 병행해 설치가
이뤄졌다. 책장 칸도 천장의 구조목 간격과 맞춰
일체감을 높였다.

❼ 거실과 물리적 구분 없이 자리한 주방. 주방 벽면은
스테인리스 스틸 재질로 마감해 나무로 가득한 집에서
가장 모던한 분위기를 연출한다.

❽ 1층 욕실은 데크 공간에서 출입이 가능하게끔 창문과
욕조를 적용했다. 덕분에 여름철, 데크 위에서 물놀이를
즐기고 바로 몸을 씻기에 편리하다.

❾ 자녀방과 부부침실을 잇는 긴 브리지는 막내가 가장
애정하는 공간이다. 지붕선을 따라서는 긴 지붕창을 둬
집 안은 늘 밝다.

❿ 지금은 아이들이 어려 한방 안에서 같이 지내지만, 곧
성장해 각자의 방이 필요할 때에 쉽게 분리할 수 있도록
방도, 벽체도 미리 준비됐다.

⓫ 독서모임과 신앙모임, 때때로 외부에서 방문하는
선교사님을 모실 수 있도록 준비한 커뮤니티실. 별도의
출입문과 주방을 갖춰 모임에 최적화된 공간이다.

POINT. 명상의 길 커뮤니티실의 손님들이 안심하고 드나들 수 있도록, 출입구부터 모임 공간까지 세세하게 고려한 진입로. 때때로 건축주와 가족이 정원 상태에 구애받지 않고 외부 간섭 없이 조용히, 곰곰히 생각에 잠겨들 수 있게 돕는 역할을 한다.

주택의 진입부 근처 담장에는 커뮤니티실과 바로 이어지는 출입문이 따로 놓였다.

SECTION

PLAN

2F - 72.50m²

N

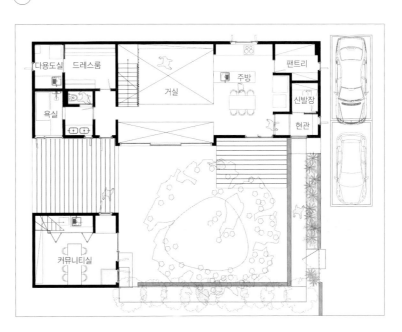

1F - 117.60m²

집으로 가는 특별한 여정
마당 향한 집

지하부터 2층까지
어디서나 크고 작은 마당을
만날 수 있는 곳.
가족의 공간이 서로 바라보고,
모여 이야기하는 집으로의
짧은 여정은 언제나
따듯하고 보드랍다.

1

경기도 용인, 곳곳에 공사가 한창인 이곳 단독주택용지에 단란한 네 식구의 집이 모습을 드러냈다. 가족이 따로 또 같이, 어울려 살아갈 수 있도록 세심하게 고민한 배려와 정성이 오롯이 담긴 집이다.

"도심 내 여느 단독주택용지가 그렇듯, 이 집도 마당을 넉넉하게 확보하기는 힘든 상황이었습니다. 대신 전면과 후면이 모두 도로에 접해 있었고 약 2m의 레벨 차를 가지고 있어 집 안으로의 접근 동선을 다양하게 검토해볼 수 있다는 것이 흥미로웠죠."

다른 집들처럼 지하주차장을 계획하던 건축주 부부에게

제이앤피플 건축사사무소의 장세환 소장은 지하층에 주차장 대신 주거공간을 구성할 것을 제안했다. 후면도로에서 진입하는 필로티 주차장을 만들어 마당을 통해 집 안으로 들어가는, 전통적인 주택과 같은 동선을 구성하자는 것. 그리하여 집은 대문을 지나 마당, 처마, 대청마루를 거쳐 실내로 들어가는 옛집과 같이 필로티 주차장과 마당을 거쳐 현관으로 들어서는 구조의 진입 동선을 이루게 되었다. 주차장을 지상으로 올린 덕분에 지하에는 홈 짐, 실내골프연습장, 사무실, A/V룸 등 온 가족이 다양하게 이용할 수 있는 4m×7m 크기의 멀티룸이 생겼다.

대지위치	연면적	구조	창호재
경기도 용인시	206.17㎡(62.37평)	기초 - 철근콘크리트 매트기초 / 지상 - 철근콘크리트	이건창호 A.L BAR
대지면적	건폐율		에너지원
210㎡(63.53평)	50%	단열재	도시가스
건물규모	용적률	벽 – T100 경질우레탄보드 / 지붕 – T150 경질우레탄보드	조경석
지하 1층, 지상 2층 + 다락	100%		현무암
거주인원	주차대수	외부마감재	
4명(부부 + 자녀 2)	2대	벽 – 백고스무스 타일 / 지붕 – 컬러강판 돌출이음	
건축면적	최고높이	담장재	
104.84㎡(31.71평)	8.99m	콘크리트 위 미장	

❶ 높이가 낮은 대지 전면의 주택 전경. 지하 썬큰정원의 담장은 영롱쌓기한 벽돌로 채광과 프라이버시를 적절하게 확보했다.

❷ 심플한 입면의 주택 후면. 안마당, 1층 현관과 연결되는 필로티 주차장을 설치해 외부마당을 통한 진입 동선을 이룬다.

❸ 지하층 환기와 채광을 위해 확보해둔 썬큰정원. 벽돌 영롱쌓기로 외부 시선을 적절히 걸러줬다.

❹ 필로티 주차장은 비가 올 때도 바비큐 파티가 가능한 마당이 되어준다.

내부마감재
벽 – 친환경 도장, LX하우시스 벽지 / 바닥 –
해피우드 원목마루, 포세린 타일

욕실 및 주방 타일
타일존 수입타일

수전 등 욕실기기
아메리칸스탠다드, 더죤테크

주방 가구
안나키친

아이방 가구
데스커

계단재·난간
원목마루 + 유리난간

현관문
코렐 도어

중문·방문
영림도어

붙박이장
안나키친

전동 블라인드 및 어닝
SOMFY 전동모터

조경
동서조경

사진
최진보

시공
㈜지안종합건설

시행
홀츠하임

설계·감리
제이앤피플 건축사사무소
http://jnpeople.co.kr

다이닝 공간에서 바라본 1층 거실 모습. 천장
일부를 오픈하고 마당을 향한 전면창을 내어
환하고 개방적인 공간감이 느껴진다.

❺ 거실에서 바라본 1층 주방과 다이닝.

❻ 현관 부분은 단 차이를 둬 거실과 공간을 구분해줬다.

❼ 널찍한 지하 멀티룸은 실내 운동공간, 사무공간,
A/V룸 등 필요에 따라 다양하게 활용할 수 있다.

❽ 지하층에 배치한 안방은 공간을 분리한 사색실, 썬큰
정원으로 이어진다.

❾❿ 2층에는 온 가족이 함께 책을 읽을 수 있는
도서관을 만들었다. 1층의 오픈 천장을 통해 거실과도
연계되며, 아이들을 위한 하늘마당 테라스로도 이어진다.

⓫⓬ 복층 구조의 자녀방. 사다리로 오를 수 있는 다락은
아이들에게 나만의 아지트가 되어준다.

또한 안방과 썬큰 정원(사색마당)이 놓였으며, 그 사이에는 부부의 요청으로 작은
사색공간(독서공간)을 마련했다. 지하층 후면부에는 널찍한 드레스룸과 '작은 목욕탕'
개념을 적용한 욕실이 안방과 연결되어 자리한다.

1층에는 주방, 식당, 거실, 세탁실 등을 오픈형으로 심플하게 구성했다. 부부 공간인
지하층과 자녀 공간인 2층 사이, 가족을 위한 커뮤니티 공간 역할을 해주는 매개
영역이다. 2층에는 두 자녀를 위한 방을 두었다. 복층 형태로 각각 독립된 다락이
있는 공간이다. 이 밖에도 네 식구가 함께 이용하는 도서관 개념의 가족실을
두었으며 전용 테라스를 마련해 또 하나의 마당을 선물해주었다.

지하부터 2층까지 집 안 어디에서나 크고 작은 마당을 바라볼 수 있는 집. 각자의
다름을 존중해 지은 이곳에서 가족은 집으로 들어올 때마다 마당과 하늘을 마주하는
특별한 여정을 누린다. 함께 일상을 나누며 이야기하는 시간까지 놓치지 않은 곳,
용인 '마당 향한 집'이다.

CONCEPT 마당을 지나 집으로 들어가는 길

높이 2m 정도의 단차를 지닌 대지. 외부에서 내부로 이어지는 동선을 어떻게 구성할 것인가 하는 것이 설계의 출발점이 되었다. 통상적으로는 도로에 접한 낮은 레벨의 대지에 지하주차장을 설치하고 옥외계단과 내 집 앞마당을 거쳐 집 안으로 들어가는 동선, 혹은 지하주차장에서 이어지는 내부계단을 통한 동선을 이룰 것이다. 용인 '마당 향한 집'은 이들의 장점과 지상 주차의 장점을 모두 취할 수 있는 방법을 고민했다. 외부마당-안마당(중정)-처마·포치-대청-실내로 이어지는 여정의 전통적인 주택 접근 동선과 유사한 시퀀스를 지니도록 하는 것이 중점이었다. 그 결과, 후면도로에 마당과 연계된 필로티 주차장을 두어 비를 맞지 않고도 집 안으로 들어갈 수 있게 했다. 더불어 필로티 주차장은 확장된 마당으로서 날씨와 관계없이 외부활동이 가능한 공간이 되어준다. 내부는 가족 구성원의 다양한 활동을 수용할 수 있는 영역을 나누어 따로 또 같이 모여 살아갈 수 있도록 계획했다.

A_썬큰을 활용한 사색마당. 안방, 사색실과 이어지는 공간으로 부부만의 시간을 보낼 수 있다.

B_후면도로에 접한 필로티 주차장은 1층 현관과 연결된다.

C_지하층부터 2층까지 연결하는 내부 계단실.

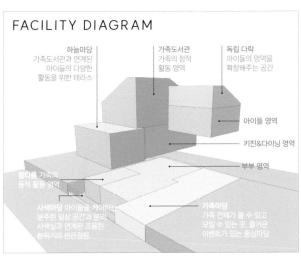

FACILITY DIAGRAM

하늘마당
가족도서관과 연계된 아이들의 다양한 활동을 위한 테라스

가족도서관
가족의 정적 활동 영역

독립 다락
아이들의 영역을 확장해주는 공간

아이들 영역

키친&다이닝 영역

부부 영역

멀티룸 가족의 동적 활동 영역

사색마당 아이들을 케어하는 분주한 일상 공간과 분리, 사색실과 연계된 조용한 분위기의 썬큰정원.

가족마당
가족 전체가 볼 수 있고 모일 수 있는 곳. 즐거운 이벤트가 있는 중심마당

SECTION

① 전실 ② 멀티룸 ③ 마스터룸 ④ 드레스룸 ⑤ 욕실 ⑥ 사색실 ⑦ 현관 ⑧ 창고 ⑨ 홀
⑩ 거실 ⑪ 주방 ⑫ 식당 ⑬ 자녀방 ⑭ 가족도서관 ⑮ 다락 ⑯ 화장실 ⑰ 세탁실

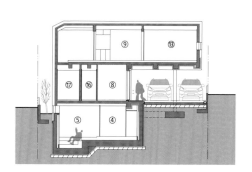
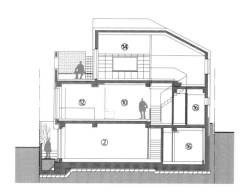

PLAN

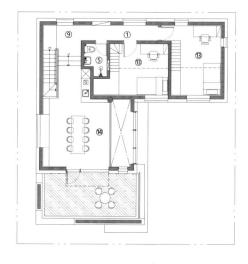

2F - 57.97m²

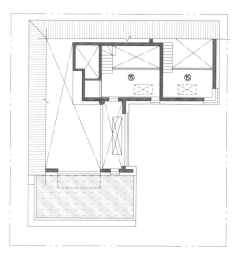

ATTIC - 24.65m²

B1F - 80.99m²

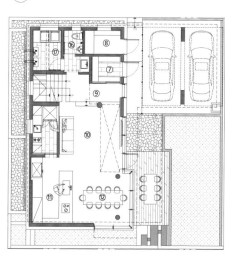

1F - 67.21m²

디자이너 아내의 취향 담은 집
남다른 빨간 벽돌집

아직도 많은 사람들에게
집짓기는 별난 일이다.
그런 편견을 깨고, 더 나은
행복을 찾은 가족의 이야기.

대지위치 경기도 오산시	**용적률** 57.38%	**외부마감재** 벽 – 이화벽돌 P3000 / 지붕 – 컬러강판
대지면적 238㎡(72.12평)	**주차대수** 1대	**담장재** 사철나무 식생울타리
건물규모 지상 2층, 다락	**최고높이** 8.7m	**창호재** 알파칸 70㎜ PVC 3중유리 시스템창호(에너지효율 1등급)
건축면적 82.19㎡(24.90평)	**구조** 기초 – 철근콘크리트 매트기초 / 벽 – S.P.F 2×6 / 지붕 – S.P.F 2×10	**철물하드웨어** 심슨스트롱타이
연면적 136.56㎡(41.38평)		**에너지원** 도시가스
건폐율 34.53%	**단열재** 그라스울 25K 이소바 에너지세이버	**구조설계(내진)** 위너스BDG

❶ 전면 매스에는 화장실, 드레스룸, 세탁실이 한데 구성된 곳으로 목구조에서 하자가 발생하기 쉬운 물 쓰는 공간을 영리하게 배치해 시공했다.

❷ 석재 패널과 블록으로 마감한 현관부.

❸ 독립적으로 쓸 수 있는 안마당. 바로 앞에는 자연 녹지 공간이 있어 조경을 덤으로 얻는다.

TIP
목조주택에 벽돌로 외장하는 법

경량목구조에 벽돌 조적으로 외장을 할 때는 유의할 점이 많다. 제대로 시공하지 않으면 벽돌이 탈락하거나 벽 전체가 무너져 내리는 현장도 간간이 발견되기 때문. 파벽돌 같은 얇은 디자인 벽돌을 시공하는 현장도 많은데, 이 역시 수분을 머금으면 3년쯤 지나면 탈락하기 쉽고 외부의 습기가 목구조까지 영향을 미칠 수 있으니 시공에 만전을 기해야 한다. HNH건설의 김대영 대표는 "무거운 벽돌의 하중을 경량목구조가 감당할 수 있게 구조 설계가 잘 되어야 하고, 벽돌이 올라갈 부위의 기초 단 처리와 공기층을 두는 세심한 시방이 필요하다"고 강조했다.

조적 하단부 기초 제작

조적 벤트 시공

철물 시공과 공기층 두기

꼼꼼한 발수 처리

내부마감재
벽 – 코스모스벽지, 파벽돌 / 바닥 –
구정마루 오크

욕실 및 주방 타일
수영세라믹

수전 등 욕실기기
아메리칸스탠다드

주방 가구
희원주방가구

조명
국제조명

계단재·난간
평철

현관문
캡스톤도어

중문
삼익 알루미늄도어

방문
영림임업 ABS도어

데크재
까르미 건식 석재 데크

사진
변종석

시공
HNH 건설
https://cafe.naver.com/withhnh

설계
소하건축사사무소
https://sohaa.co.kr

❹ 탁 트인 식당 공간은 가족이 가장 긴 시간을
보내는 곳이다. 아일랜드형은 자칫 집이 좁아
보일 수 있어 과감히 일자형을 택했다.

❺ TV 대신 마당을 보는 가족의 거실. 일자형
계단 아래로 널찍한 수납 공간을 확보했다.

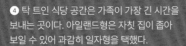

경기도 수원에서 직장 생활을 하는 맞벌이
부부 이승표, 유문영 씨. 아들만 둘 둔 집이
그러하듯, 아파트 1층을 찾던 중에 오산
세교의 택지지구 정보를 들었다. 차로 20분
거리면 도전할 만한데, 부부에게 집짓기란
미지의 세계였다. 발품이 답이었다. 필지를
직접 보며 사는 사람들과 말을 터보니, 같은
예산에 좋은 땅을 보는 눈도 생겼다. 마당
있는 집의 여유도 엿봤다. 그렇게 자연녹지를
앞에 둔 좋은 땅을 마련하고, 부부는 바로
건축가를 찾았다. 내 편을 먼저 만들자는
생각이었다. 마음 통하는 건축가를 만나 한
달에 두 번, 설계 미팅이 시작됐다.
"자재를 고를 때도 저희보다 건축비 걱정을 더
해 준 건축가예요. 6개월 설계한 만큼 충분히
만족스러운 동선에, 버리는 공간 하나 없이
알뜰하게 채워졌어요."
디자인 관련 일을 하는 아내 문영 씨는
누구보다 취향이 확고했다. 붉은 벽돌
외장재와 타일 붙인 조적 욕조, 그리고
아일랜드 없는 일자형 주방에 대한 로망. 주택

단지로 벽돌 기행을 하며 인장을 컨닝하고,
주머니엔 늘 줄자를 챙겨서 치수와 실제
공간감을 익혀 갔다. 시공에 들어가서는 간혹
기술적으로 어려운 부분도 생겼지만, 실력
있는 시공사는 늘 해답을 찾아 왔다. 덕분에
시공 내내 잡음 한 번 없었던, 완벽한
집짓기였다고.

집의 핵심 공간은 긴 테이블이 있는 거실이다.
현관에서 돌아서면 처음 마주하는 공간은
전면창으로 마당까지 시선이 확장된다. 거실
끝에는 미닫이문으로 구획된 작은 방을 두어
평소에는 거실의 일부로, 손님이 오면
게스트룸으로 가변적으로 사용한다. 화장실,
세탁실, 드레스룸은 하나의 영역으로 묶어
1층에 효율석으로 구성했다. 가족의 습관을
여실히 분석하고 반영한 짜임새 있는 설계다.
특히 거실의 일자 계단은 고민을 많이 한
부분이다. 벽 없이 난간 살을 좁은 간격으로
천장까지 시공하고, 천창으로 늘 밝은 공간을
만들었다.

2층은 부부침실과 마당으로 열린 얇은 가족실, 다락으로 이루어져 있다. 다락은 아이들 놀이방 겸 부부의 취미 공간으로 제 역할을 톡톡히 한다. 부부는 같이 전자드럼 연습도 시작했다. 입주 후 5개월이 지난 지금, 주택에서 맞는 첫 겨울은 아파트보다 따뜻하다. 목조주택이라 그런지 습도 조절 능력도 뛰어난 것 같아 문영 씨는 더 만족하고 있다. 아직 아이들 또래가 이웃에 없어 좀 외롭긴 하지만, 바로 곁에 LH 로렌하우스 단지도 조성되고 있고, 세교택지지구 2단지도 계획 중에 있어 기대가 크다. 주말이면 아이들과 어디로 나갈까 고민하는 게 가장 힘들었다는 승표 씨도 이제는 마당을 200% 활용하며 꿈꾸던 주택 생활을 누린다. "아직도 많은 사람들이 집 짓는 걸 별난 일이라고 생각해요. 저도 가끔 아파트값 오르는 소리 들으면 흔들릴 때도 있으니까요(하하). 그런데, 이렇게 생각하기로 했어요. 자산이 늘지는 않지만, 지금 내 가족의 행복에 투자하는 중이라고요." 집짓기는 가족의 현명한 선택이었다.

❻ 작은 가족실과 다락을 향하는 계단
❼ 집 안 곳곳은 아이들의 놀이터. 둘째 여준이도 어느새 계단 타기 달인이 되었다.
❽ 거실 전면창으로 들어오는 마당 풍경
❾ 바쁜 아침을 감당하는 두 개의 세면대
❿ 건식으로 쓰는 2층 화장실
⓫ 가변형으로 쓸 수 있는 거실 끝 공간
⓬ 현관 깊숙이 중문을 달아 신발장을 더 넓게 낼 수 있었다.
⓭ 세탁실과 붙은 욕실. 맞은 편에는 드레스룸이 자리한다.

6

7

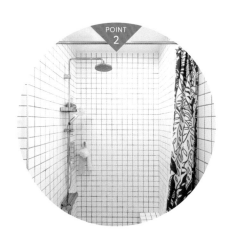

POINT 1 - **숨은 다용도실**

현관부 맞은편 포인트도어 뒤에는 널찍한 다용도실을 숨겨뒀다. 주방 잡동사니 등의 수납공간을 확보하면서 동선의 효율을 높이기 위한 묘책이다.

POINT 2 - **조적식 욕조**

기초 작업을 할 때부터 단을 낮춰 만든 욕조 겸 샤워부스. 물을 채워 반신욕을 하거나 아이들 물놀이장으로도 쓴다. 누수 위험에 대비하느라 1층에 두었다.

14 15

16

SECTION

①현관 ②거실 ③주방 및 식당 ④화장실 ⑤다용도실 ⑥드레스룸
⑦세탁실 ⑧방 ⑨창고 ⑩데크 ⑪마당 ⑫가족실 ⑬다락

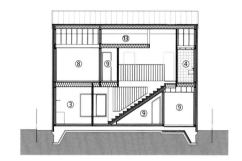

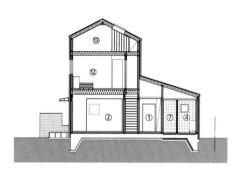

PLAN

2F - 54.37m²

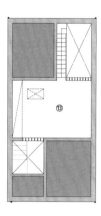

ATTIC - 20.78m²

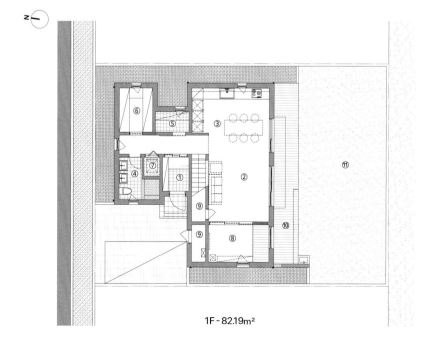

1F - 82.19m²

⓮ 아이들의 공간은 하나의 큰 방으로 계획하되, 양쪽
끝에 문을 배치하여 추후에 두 아이를 위한 각자의
방으로 분리할 수 있도록 대비했다.

⓯ 다락은 1층 계단실 상부로 좁은 난간으로 오픈하고
천창까지 두어 갑갑하지 않게 누린다.

⓰ 작고 평범해 보이지만, 가족은 물론 건축가와
시공자에게도 큰 만족을 선사한 집. 초기 계획안의 큰
틀이 흔들리지 않고 끝까지 유지되었던, 보기 드문
프로젝트였다.

아파트 대신 선택한 단독주택
세종 지그재그 하우스

프라이버시를 지키면서
가족이 맘 편히 쓸 수 있는,
각자와 모두의 공간들로
빼곡히 채운
맞춤옷 같은 집을 만났다.

"아파트는 몇 동 몇 호, 숫자로만 이루어져 있잖아요. 똑같이 생겼고요. 아이가 손가락만 가리켜도 우리집이라 할 수 있는, 어린 시절에 좋은 추억을 남길 수 있는 환경을 만들어주고 싶었어요." 다섯살 아들을 둔, 결혼 6년 차 맞벌이 부부가 집을 짓기로 결심한 가장 큰 이유다. 길지 않은 시간 동안 아파트라는 주거 양식을 경험하며, 부부가 일할 동안 집에서 아이를 돌보고 이제 함께

생활할 부모님을 위해서도 새로운 주거 공간이 필요한 상황이었다. 그 길로 두 사람은 열공모드에 돌입했다. 서울·경기권의 회사는 물론, 지역에서 활동하는 건축가와 시공사들을 물색하며 3代가 함께 살 집을 지어줄 전문가를 찾아 나섰다. 세종 인근에서 진행되는 단독주택 오픈하우스 행사에만 스무 차례 넘게 참여했을 정도로 열정적이었던 부부.

대지위치
세종특별자치시

대지면적
381.70㎡(115.46평)

건물규모
지상 2층

거주인원
5명(부모님 + 부부 + 자녀 1)

건축면적
127.89㎡(38.68평)

연면적
191.40㎡(57.89평)

건폐율
33.51%

용적률
50.14%

주차대수
3대

최고높이
8.65m

구조
기초 - 철근콘크리트 매트기초 / 지상 - 철근콘크리트 / 지붕 - 경량목구조

단열재
외벽 - THK140 비드법단열재 / 지붕 - THK50 비드법단열재(외단열), 하이셀 셀룰로오스(중단열)

외부마감재
외벽 - 컬러시멘트 모노타일 + 발수제 / 지붕 - 포맥스 징크

창호재
공간시스템창호 35T 고단열 알미늄 리프트슬라이딩 + 틸트&턴

에너지원
도시가스 + 태양광

조경
산수목조경

전기
진성플러스

기계·설비
다산설비

❶ 한창 마당을 정비 중인 남편과 2층 발코니에 선 아내

❷❸ 벽이 곧 담장의 역할을 아는 서측 입년. 사람들이 제법 지나다니는 이면도로가 있어 꼭 필요한 창만 내고 담백하게 구성했다. 캔틸레버 덕분에 현관부는 자연스럽게 포치처럼 꾸며졌다.

❹ 하늘에서 내려다 본 뷰. 지그재그 형태가 가장 잘 드러난다.

POINT 1 - 콘크리트 벽체 + 목조 지붕

하이브리드 공법인 동시에 복잡한 지붕 구조와 경사도를 만족시키기 위해 다양한 종류의 철물과 디테일이 적용되었다.

POINT 2 - 준불연 외단열 마감

콘크리트 벽체 바깥으로 외단열용 준불연 EPS를 사용했다. 리본앤뎁 접착, 코너부 엇갈림 부착 등 정석대로 시공했다.

POINT 3 - 지붕 셀룰로오스 단열재 충진

지붕은 목구조이기 때문에 스터드 사이를 채우는 단열재로 셀룰로오스를 적용해, 깊은 부분도 빈틈없이 충진하였다.

내부마감재
벽 – 삼화페인트, 실크벽지 / 바닥 – 디앤메종
강마루

욕실 타일 및 주방 타일
해성세라믹 수입 타일

수전 등 욕실기기
대림바스

주방 가구
맞춤제작가구 일상생활

계단재·난간
라왕집성 + 유리난간 제작

현관문
성우스타게이트 단열문

중문
예림 중문도어

방문
예림도어

인테리어
디자인컨설팅 아바드존 전진화

사진
변종석

설계
호림건축사사무소

시공
하우스컬처
https://cafe.naver.com/hausculture

2층까지 층고를 높이고 계단을 노출해 개방감이
느껴지는 거실. 주방 출입구와 이어지는 석재
데크는 활용도가 높다.

최종적으로는 세종 기반의 호림건축사사무소가 설계를, 하우스컬처가 시공을 맡았다. 부부는 층별로 독립된 공간, 거실과 주방의 분리, 야외 활동을 위한 데크, 외부로부터의 프라이버시 등을 요청했고, 그들의 요구사항을 정리한 건축가는 해법으로 유사 'ㄷ'자 형태의 매스를 제안하였다.

호림건축사사무소의 김준희 소장은 "대지 형태는 직사각형이지만, 사선 방향으로 정남향을 받고 각 실의 독립과 연결을 고려했다"며 추후 이웃집들이 생길 것과 동네를 산책하는 사람들로부터의 프라이버시를 지키면서도 가족만의 외부 공간을 위한 아이디어로 지그재그 모양 평면이 나오게 된 이유를 설명했다. 덕분에 1층 거실에서 데크 너머로 보이는 마당은 더 깊어 보이는 효과를 내면서도 이웃집 배면을 정면으로 보지 않게 된다. 카페 같은

주방을 원한 아내의 생각은 자연스레 분리된 주방과 식당으로 귀결되었다. 기능적으로는 손님이 와도 다른 식구들이 불편함 없이 거실을 쓸 수 있고, 데크를 중심으로 꺾인 배치라 두 공간 모두 외부와 유연하게 연계할 수 있는 구성이다. 인테리어는 기본에 충실하되, 자연광으로 실내를 환하게 만드는 데 주안점을 두었다.

특히 집의 중심 공간인 거실의 경우, 데크를 통해 반사되는 간접채광과 2층에서 들어오는 빛이 언제나 밝은 분위기를 만들어 준다. 이 집의 시공상 특이한 점은 지붕만 목구조를 적용한 하이브리드 구조를 채택했다는 것이다. 1층 콘크리트, 2층 목구조의 형식은 익히 알려져 있지만, 지붕만 하는 사례는 드문 터. 이에 하우스컬처 김호기 소장은 "경사 지붕이라 건식인 목구조가

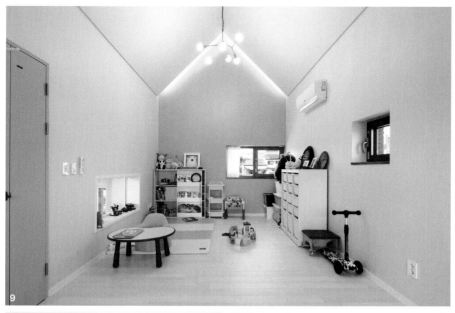

유리하다 판단했고, 주어진 조건에서 단열, 방수,
시공성 등을 다각도로 검토했다"며 디테일을
강조했다.

아내가 첼로 연주를 시작하면 거실이 공연장이 될
때, 아이가 놀이방에서 거실을 내려다보며 손을
흔들 때, 엘리베이터를 타지 않고 문만 열면 바로
산책할 수 있을 때… 이사 온 지 한 달 남짓인데도
벌써 일상의 변화를 실감한다는 가족의 두근두근
단독주택 라이프는 이제 시작이다.

❺ 오른쪽에는 신발장, 왼쪽에는 워크인 팬트리를 두어 짜임새 있게 구성한 현관

❻ 1, 2층 각각의 큰 창을 통해 실내에는 빛이 쏟아지고, 유리 난간 덕분에 시야도
확장돼 항상 밝고 쾌적한 상태가 유지된다.

❼ 주방 주요 가전제품은 벽면에 매립하고 아일랜드에서부터 벽을 따라 수납공간을
마련했다.

❽ 간소하게 꾸민 침실

❾ 박공면을 그대로 살린 아이의 놀이방. 아이 눈높이에 맞춰 만든 창은 거실과
소통하는 창구 역할을 한다. 추후 목적에 따라 실을 분리할 수 있도록 에어컨, 전기
설비 등을 계획했다.

❿⓬ 자칫 어두워질 수 있는 복도에도 고측창을 내고, 모두가 이동에 불편함이
없도록 계단폭을 1,200mm로 넉넉하게 설정했다.

⓫ 세탁실과 욕실을 한데 몰아 동선과 설비 문제를 간편하게 해결했다.

주택의 복잡한 지붕 구조와 요철이 시공의 난이도를 짐작케 한다.

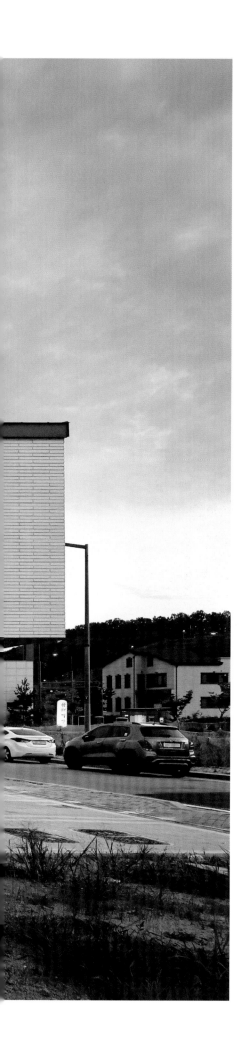

SECTION

① 현관 ② 주방 ③ 식당 ④ 화장실 ⑤ 보일러실 ⑥ 거실 ⑦ 침실 ⑧ 드레스룸
⑨ 데크 ⑩ 주차장 ⑪ 놀이방 ⑫ 세탁실 ⑬ 취미실 ⑭ 발코니

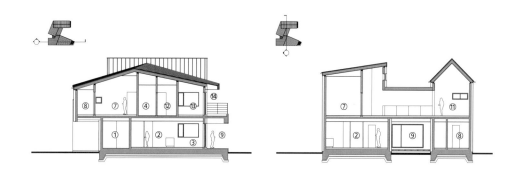

PLAN

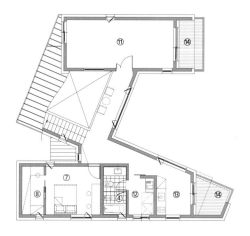

2F - 83.23m²

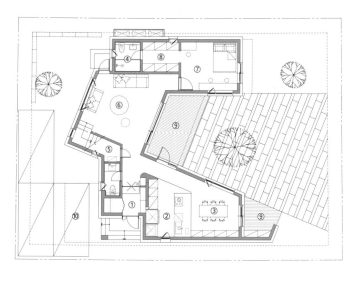

1F - 108.17m²

풍경이 깃든 집
나린家

풍경이 깃든 집

가슴이 탁 트이는
전망의 골프장 안에
자리한 집.
노출콘크리트 마감과
사선 디자인이 모던한 주택은
밖을 향해 열린 구조로
주변 풍경을
한아름 품어 안는다.

1

50대 사업가 부부인 건축주는 이미 잘 지은
단독주택에 살고 있었지만, 다시 집짓기를
꿈꿨다. 출가한 자녀 외에 딸 1명과 함께 거주할
집으로, 세 식구가 생활하기 적당한 규모의
모던한 주택을 그리고 있었던 것. 부부는 살던
집을 설계했던 지안건축사사무소의 성유미
소장에게 다시 한번 새집의 건축을 의뢰했다.
스트레스가 많은 업무 후 조용하고 편안히 지낼
공간을 원했고, 주말에는 마당의 꽃과 나무를
가꾸며 시간을 보낼 수 있었으면 했다.
"사전 조사 갔을 때, 한눈에 들어오는 골프장
전경에 매료되어 한참 넋을 잃고
바라보았어요."
성유미 소장은 대지와의 첫 만남에 대해 이렇게
회상한다. 하지만, 건축가의 눈으로 다시 보면
장점만 있는 건 아니었다. 긴 형태의 대지에
거실 앞이 북서향인, 쉽지 않은 여건이었다.
고급주택으로 분류되어 취득세가 중과되지
않도록 연면적 기준을 고려하는 것도 중요했다.
노출콘크리트로 묵직한 무게감을 준 주택
전면은 바위처럼 굳건히 서 있는 듯 느껴진다.
직사각형 매스를 정면으로 놓는 대신 사선으로
놓아 긴장감과 몰입도를 불어 넣었다. 자유롭고
진취적인 건축주 부부의 성향을 십분 반영한
대목이다. 반면, 주택의 후면은 드넓은
자연풍광을 향해 열려 있다. 푸르른 골프장
전체를 마치 내 집 마당처럼 느껴지게 하는
구성이다.
내부 설계 역시 아름다운 자연풍경을 최대한

❶ 매스를 사선으로 앉히고 최소한의 창을 낸 도로에 접한 전면.

❷ 현관문을 북쪽으로 내어 도로로부터의 시선을 적절히 차단했다. 2층 벽체 사이 오픈된 부분은
프라이버시를 보장하는 동시에 채광을 확보하는 역할을 한다.

❸ 집의 중심에 놓인 수공간은 여름철 냉각 효과의 역할을 겸한다. 2층 테라스 가벽은 안방으로
향하는 외부 시선을 가려주는 역할을 한다.

❹ 앞뒤로 길게 트인 테라스가 있는 3층의 외부 전경.

대지위치 인천광역시	**연면적** 199.11㎡(60.23평)	**구조** 기초 - 철근콘크리트 매트기초(헬리컬 파일 시공) / 지상 - 벽 : 철근콘크리트, 지붕 : 철근콘크리트 경사지붕	**열회수환기장치** 귀뚜라미 KEAP-50H 무덕트형
대지면적 439.4㎡(132.92평)	**건폐율** 29.78%		**에너지원** 도시가스
건물규모 지상 3층	**용적률** 45.31%	**단열재** 벽 - 폴리우레탄 뿜칠 100mm / 지붕 - 경질우레탄폼 2종2호 150mm	**조경석** 문경석 판재 가공
거주인원 3인(부부 + 자녀 1)	**주차대수** 2대	**외부마감재** 외벽 - 노출콘크리트(송판무늬, 견출무늬) 위 발수코팅 / 지붕 - 컬러강판 접기	**조경** 한아름조경
건축면적 130.86㎡(39.59평)	**최고높이** 12.15m	**창호재** 이건창호 TT 75mm, LS 250mm, 43T 삼중로이유리	

POINT 1 – 수공간

창이 많은 주택에서 수공간은 운치 있는
조망은 물론 여름철 냉각 효과를 발휘하는
역할을 한다. 처음 계획보다 더욱 깊게 만들어
어린 손주들을 위한 간이수영장의 기능도
겸하게 되었다.

POINT 2 – 층별 테라스

사계절 푸르른 풍광이 펼쳐지는 골프장 내에
자리한 주택. 이 집에선 1층 마당은 물론
전망대 같은 2층과 3층 테라스에서 아름다운
풍경을 프라이빗하게 즐길 수 있다.

POINT 3 – 무덕트형 환기장치

미세먼지로 실내 환기가 어려울 때를 대비해
층마다 무덕트 천장형 전열교환기를
설치했다. 무덕트형은 시공과 관리가
간편하고 설비를 위한 별도 공간이 필요 없어
공간 활용에 도움이 된다.

내부마감재
벽·천장 – 던에드워드 친환경페인트, 거실 아트월
: 토탈석재(베르데루아나 천연대리석), 복도 벽 :
블랙도금코팅판(SUS) / 바닥 – 1층 :
토탈석재(폴라리스 천연대리석), 2층 :
이건강마루 헤링본티크

욕실 타일 및 주방 타일
이화타일

수전 등 욕실기기
아메리칸스탠다드, 더죤테크

주방 가구
한샘 KITCHEN BACH7 제트블랙,
페트화이트가구

거실 가구
대현(가구)인테리어

조명
3인치 다운라이트(5W), 펜던트(비츠조명)

자녀방 가구·붙박이장
페트화이트가구

계단재·난간
멀바우 + 원형 파이프 가공

현관문
알프라임

중문
위드지스

방문
영림도어(주문제작, 현장 도장)

데크재
하지파이프 + 12mm 미송데크 + 인조잔디(32mm)

전기·기계·설비
진화이엠씨

구조설계(내진)
세영구조이엔지

사진
변종석

시공
건륭건설 김영환 소장

설계·감리
지안건축사사무소 성유미
www.jianarchi.com

단을 낮추어 주방과 구분한 거실은 양쪽이
마당과 수공간으로 열려 있어 개방감
있다. 천연대리석 북매치를 활용한
아트월이 인상적이다.

단독 · 전원주택 설계집 A2

나린家

5 6 7 8 9

내부로 끌어들여 공간의 일부가 되게 하는 데 주안점을 두고
이루어졌다. 좁고 긴 대지의 한계는 전통건축에서 볼 수 있는 '차경'
개념의 연속적인 프레임을 차용해 풀어냈다. 막힌 정면을 돌아
안으로 들어가면 보기만 해도 시원한 수공간이 펼쳐지고, 좁은
복도를 지나 넓은 거실과 주방에 다다른다. 주방에서 또 나아가면
주변보다 높은 데크, 그 너머 보이는 드넓은 잔디가 시야에
들어온다. 2층과 3층도 마찬가지로, 복도나 계단을 지나면 시야가
바깥 풍경으로 확장되는 테라스 공간을 배치하였다. 1층의 실
배치는 거실과 주방 및 다이닝 공간, 서재 겸 손님방 등의 공용
공간을 중심으로 구성했다. 2층에는 개인 공간인 부부 공간과 자녀
방이 자리한다. 자녀 방 안에는 욕실을 따로 두어 편의성을 더하고,
책상 앞 전면창으로 초록 자연을 보며 휴식할 수 있게 했다. 자녀방
반대편의 긴 복도를 따라 안방 드레스룸과 욕실이 자리하며, 복도
끝에 2개 벽면을 창으로 두른 안방이 자리한다. 높은 층고와 탁
트인 전망이 풍부한 채광과 공간감을 선사하는 이곳은 앞뒤로 열린
테라스와 연결된다.
3층은 건축주 부부가 가장 아끼는 공간. 경사진 테라스가 있는

이곳은 홈바로 꾸며진 힐링 장소다. 이곳에서 부부는 와인 한잔과
함께 피로를 풀곤 하는데, 테라스에서 누리는 밤 풍경의 정취는
그야말로 일품이다. 인테리어는 기본적으로 화이트와 블랙의
무채색을 바탕으로 해 깔끔하고 편안한 분위기다. 특히 1층 바닥재,
2층 안방 아트월, 테이블 상판 등 다양한 패턴의 대리석이 눈에
띄는데, 거실과 3층 홈바에는 건축주와 함께 직접 가서 원석을 보고
골라온 천연대리석 북매치 아트월이 자리 잡았다. 1층 현관에서
주방으로 이어지는 복도의 블랙 서스(SUS) 벽면도 특유의 광택과
질감으로 고급스러움을 더해준다.

"실제 이 집에 사는 사람은 건축가가 아니라 건축주 가족이잖아요.
설계 개념도 중요하지만, 항상 건축주의 의도를 먼저 생각합니다.
원하는 공간, 로망을 최대한 반영해주려고 하죠."
건축가의 세심한 배려는 필시 건축주가 다시금 성유미 소장을
선택하게 한 이유가 되었으리라. 꿈과 삶을 가득 담은 집을 다시
한번 선물 받은 가족. 이들이 집에 붙인 이름은 '하늘이 내린
선물'이라는 뜻의 '나린家'다.

❺ 2층 안방으로 향하는 복도. 긴 복도를 안방 욕실과 드레스룸이 자리한다.

❻ 마당과 바로 연결되는 11자형의 주방 및 다이닝 공간.

❼ 현관에서 주방, 거실로 이어지는 복도. 한쪽 벽에 상업공간에서 흔히 볼 수 있는 블랙도금코팅판(SUS)을 마감해 고급스러운 포인트를 주었다.

❽ 화이트를 기본으로 군더더기 없이 구성한 드레스룸과 욕실.

❾ 큰 창과 테라스 덕분에 늘 밝은 안방.

❿ 책상 앞 창문으로 테라스 너머 풍경이 펼쳐지는 2층 자녀방.

⓫ ⓬ 3층에는 작은 홈바를 구성했다. 마치 전망대 같은 테라스에서 밤 풍경의 운치를 즐기곤 한다고.

드넓게 펼쳐진 자연과 경치를 내 집 마당처럼 즐길 수 있는 주택의 후면

SECTION

① 현관 ② 거실 ③ 주방/식당 ④ 다용도실 ⑤ 욕실 ⑥ 보일러실 ⑦ 데크 ⑧ 수공간
⑨ 손님방 ⑩ 안방 ⑪ 드레스룸 ⑫ 테라스 ⑬ 자녀방 ⑭ 서재/홈바

PLAN

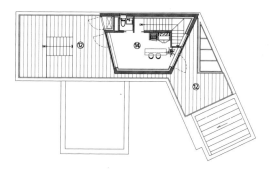

3F - 27.23m²

2F - 81.17m²

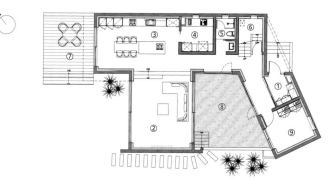

1F - 90.71m²

가족 최초의 집
위례 듀플렉스 하우스

새집 건축이 한창인
위례신도시에 둥지를 틀고
가족의 이름으로 최초의
집을 지은 이들.
이곳에서 두근두근
단독주택 라이프가
시작된다.

최초의 집은 한 가지로 정의하기 어렵다. 누군가는 태어난 집을 생각하고, 누군가는 자신의 기억이 시작된 공간이라 여긴다. 처음 마련한 집을 떠올릴 수도 있겠다. 노동 강도가 높기로 소문난 IT업계에 종사하는 젊은 부부는 퇴근 후 아파트 문을 열어 집 안으로 들어가면 마치 허공에 뜬 기분이 들었다. 때마침 생긴 아이를 위해 무엇을 해줄 수 있을까 고민했고, 가족 최초의 집을 짓기로 결심했다.

작업이 마음에 들어 만난 로우크리에이터스는 젊은 건축가 그룹답게 의욕이 넘쳤다고 두 사람은 회고한다. 주택 설계에 대한 열망이 가득했던 건축가와 정해진 예산 안에서 최대한 신경 써 줄 사람을 원했던 건축주, 서로의 필요가 잘 맞은 것이다. 이들의 계획을 구체화할 시공은 17년 경력의 베테랑 빌더홈 신민철 소장이 맡았다. 복잡한 설계를 구현하려면 신뢰할 수 있는 시공자가 절실했고, 마침 옆집의 시공을 책임지고 있던 그의 꼼꼼함과 완성도에 반해 건축주가 요청한 것. 그가 위례신도시에 지은 집은 모두 건축주 입소문만으로 의뢰받아 지었다는 후문이다.

대지위치 경기도 성남시	**용적률** 84.05%(법정 100%이하)	**단열재** 외벽 및 지붕 – 이중단열(셀룰로오스 + 비드법보온판) / 내벽 및 층간 – 그라스울
대지면적 260㎡(78.65평)	**주차대수** 3대	**외부마감재** 외벽 – 백고벽돌타일 / 지붕 – 컬러강판
건물규모 지상 2층 + 다락	**최고높이** 9.02m	**창호재** 공간시스템창호 단열 AL 시스템창호 35㎜ 로이삼중유리
건축면적 129.72㎡(39.24평)	**구조** 기초 – 철근콘크리트 매트기초 / 지상 – 벽: 경량목구조 외벽 2×6 구조목 + 바닥 2×12 구조목, 지붕 : 2×10 구조목	**열회수환기장치** 정우에이앤씨
연면적 218.69㎡(66.15평)		**에너지원** 도시가스, 태양광
건폐율 49.89%(법정 50%이하)		

사생활은 보장받고 싶지만 열린 마당도 갖고 싶어

맞벌이를 한다 해도 젊은 부부가 온전히 집 한 채를 갖는 것은 무리인 시대. 듀플렉스는 선택이 아닌 필수사항이었다. 대신 각 세대의 주차장과 출입 동선을 완전히 분리하고 소음 차단을 위해 배치와 시공 모두 각별히 신경 써달라 주문했다.

한편, 모퉁이에 위치한 택지 특성상 외부로 노출되는 면이 많았고, 방범과 사생활 보호를 위한 대책도 필요했다. 건축주는 단독주택의 장점인 열린 마당도 누리고 싶어 했는데, 이 요청을 어느 것 하나 포기하지 않고자 'ㄷ'자 형태의 중정 배치와 필로티로 공간을 풀어냈다. 그 결과 단순하고 조형적인 매스로 동네에 차분한 인상을 남기되 사생활과 안전은 보장받고, 거실과 연결된 가족만을 위한 마당도 가질 수 있게 되었다.

❶ 프라이버시와 마당 모두 놓치지 않은 중정 주택. 창을 최소화한 외부 입면과 달리 채광을 위해 열린 구성이다.

❷ 외부 노출을 최소화하기 위해 필요한 만큼만 창을 낸 대신 백고벽돌 타일로 마감해 무거워 보이지 않게 톤을 조율했다.

❸ 거실과 주방, 데크가 연결된 1층 공용 공간. 고측창을 내어 늘 밝은 실내를 유지한다.

❷

3

4

5

6

❹ 독특한 형태의 천창이 인상적인 현관.

❺ 현관에서 안쪽을 바라본 모습.
왼쪽으로 세면대가 분리된 화장실을
두었다. 손을 씻고 아치 개구부를 통해
진입하는 과정이 퇴근 후 지친 마음을
리프레시해주는 것 같다는 건축주

❻ 1, 2층과 다락까지 오픈해 한
공간처럼 느껴지도록 단면을 구성했다.
면적도 줄고 공사도 복잡해져 끝까지
고민이었지만, 높은 층고로 인해
답답하지 않고 가족이 어디에 있든
연결된 느낌이 든다.

단독 · 전원주택 설계집 A2

위례 듀플렉스 하우스

7   8   9

다양한 요구사항 꾹꾹 눌러 담은 종합선물세트 같은 집

현관문을 열면 실내가 한번에 보이는 아파트 평면과 달리 이 집의 현관은 오솔길을 지나는
느낌을 준다. 코트룸에서 벤치, 세면대까지 이어지는 곡선이 자연스러운 진입을 유도하고
벽면 아래 조약돌과 천창에서 쏟아지는 자연광은 포켓 정원을 연상케 한다.

현관을 지나 아치 개구부를 통과해 마주하는 거실은 탁 트인 시야와 단차 있는 바닥에
우선 눈길이 간다. 취미로 클라리넷을 하는 남편과 피아노와 기타를 치는 아내는 '가족
음악회를 열 수 있는 공간'을 원했는데, 거실과 계단 연결부를 무대처럼 구성한 것이다.
집은 1층부터 다락까지 시각·청각적으로 연결된다. 서로 소통하며 살겠다는 자세가
공간에 반영된 것이리라. 서툴지만 따뜻한 마음이 꾹꾹 담긴 집. 겨울을 나고 봄이 오면
아이와 함께 마당에 심을 첫 번째 나무를 고르느라 부부는 벌써부터 바쁘다.

❼ 2층 가족실에서 바라본 모습. 1층과
게스트룸, 다락까지 서로 연결된 집의
단면 개념이 한눈에 들어온다.

❽ 외부에서 봤을 때 가장 눈에 띄는
아치창이 계단실의 채광을 돕는다.

❾ 실내로 들어왔을 때 처음 마주하는
공간인 현관은 수납 겸 벤치, 조약돌
조경 등 각별히 공을 들인 공간이다.

POINT 1 - 기밀 시공 위한 셀룰로오스

셀룰로오스의 최대 장점은 보이지 않는
곳까지 밀실하게 주입할 수 있다는 것이다.
기계로 주입함으로써 고품질의
단열·흡음·축열 성능을 확보했다.

POINT 2 - 열교 잡는 이중 단열 지붕

스카이텍이 처마를 감싸고 내려와
외벽단열재와 만나도록 계획했다. 이로써
벽체와 지붕 연결 부분에서 생기는 열교
현상을 줄일 수 있었다.

POINT 3 - 필로티 상부에도 꼼꼼한 단열

바닥면이 노출되는 필로티 상부에
셀룰로오스 285T를 충진하고, 네오폴
120T도 부착했다. 여기에 설비 배관의
동결을 방지하기 위한 보온도 잊지 않았다.

이 집에 적용된 시공 포인트 5

튼튼한 기초는 집의 생명

땅의 지내력을 실험하기 위해 소규모 주택에서는 보통 하지 않는
평판 재하시험을 진행했다. 평판에 하중을 가해 그 침하량으로 지반의 내력을
확인하는 방법이다. 시험 결과 설계하중의 약 3.2배인 48.0ton/㎡을
극한하중으로 산정하였을 때 재하과정에서 항복하중이나 극한하중이
발생하지 않아 안전성을 확인했다.

코너 창을 살리는 구조 보강

도로에 면한 창이 많지 않기 때문에 창 하나를 내더라도 확실하게 내는 것이
중요했다. 옥상 정원을 위한 평지붕 구조를 위해 천장에는 공학 목재를
사용하고, 안방의 창호 프레임이 시야를 방해하지 않으며, 코너부로 하중이
실리지 않도록 철골 빔을 상부에 보강했다.

듀플렉스는 세대 간 소음 차단이 핵심

층이 겹치는 부분에는 흡음 기능도 있는 셀룰로오스를 시공하고 180㎜
네오폴로 방통단열했다. 주인 세대 주방과 임대 세대 주방이 서로 면하는데,
벽과 벽 사이에는 기본 벽체 구성에 소음 채널과 석고보드 2겹 외에도
방음실에서 쓰는 차음판 4T와 합판 5㎜까지 덧대어 세대 간에 소리가
전해지지 않도록 최대한 신경 썼다.

목조주택 평지붕을 위한 방수 계획

상대적으로 작은 마당의 크기를 보완하기 위해 건축주는 옥상 정원을
요청했다. 목조주택의 평지붕이라 방수에 특히 더 신경 썼다. 방수는 물이
고이지 않게 하는 것이 가장 중요하기 때문에 바닥 구조체를 배수구 방향으로
경사를 주고 FRP 방수처리했다.

열회수환기장치설치를 위한 층고 확보

저에너지 주택이나 패시브하우스를 목표로 하진 않았어도 실내 공기질을 위해
열회수환기장치는 설계 당시부터 꼭 요청했던 건축주. 배관이 지나가는 통로를
확보하면서 높은 층고를 확보하기 위해 시공 전부터 설계자와 긴밀하게
협의해 높이를 정하고 작업에 착수했다.

10

11 ⓒ조영진

12

SECTION

①현관 ②주방/식당 ③거실 ④화장실 ⑤창고 ⑥다용도실
⑦방 ⑧발코니 ⑨다락 ⑩옥상 ⑪주차장 ⑫데크

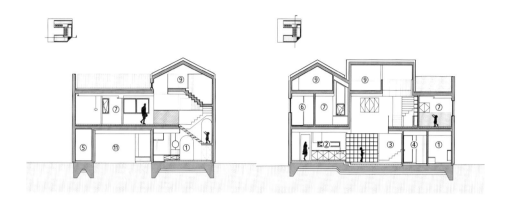

PLAN

2F - 113.14m²

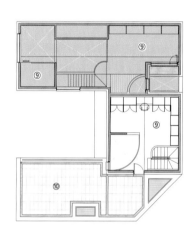

ATTIC - 46.83m²

❿ 옥상 정원으로 통하는 다락. 집 안
곳곳에 쓰인 곡선은 디자이 요소이자
동선을 부드럽게 이어주는데 요긴하게
쓰인다.

⓫ 정해진 사용자가 있는 주인 세대와
달리 임대 세대는 최대한
보편적이면서도 취향을 타지 않도록
담백하고 콤팩트하게 구성했다.

⓬ 넓은 통창을 통해 들어오는
자연광으로 인해 부부의 침실이 환하다.

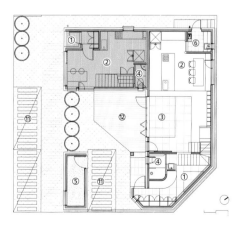

□ 주인 세대
■ 임대 세대

1F - 105.56m²

수퍼-E® 인증 받은 저에너지 하우스
앞으로의 목조주택

* 캐나다 연방정부에서 부여하는 저에너지 건강주택 인증제도인 수퍼-E®의 'E'는 Energy-efficient (에너지효율), Economical(경제적), Environmentally responsible(친환경적), Enhances the homeowner`s quality of life(거주자의 삶의 질 증진) 이 네 가지를 의미한다.

바야흐로 목조주택 전성시대.
검증되지 않은 방법으로
지어지는 집도 있는 한편,
선진화된 공법, 치밀한 디테일,
고성능 신자재로 무장한
사례도 있다.
앞으로의 목조주택이
궁금하다면 이 집을 참고하자.

국내 이름난 목조주택의 상당수가 그의 손을 거쳤다 해도 과언이 아닌 스튜가 목조건축연구소 김갑봉 소장. 그가 가족과 함께 살 집을 직접 짓는다고 해 업계의 이목을 집중시킨 바 있다. 어떤 공법을 적용할지, 무슨 자재를 선택할지, 디테일은 어떻게 풀지 등 한국형 목조주택의 최전선을 볼 수 있으리라는 궁금증이 뒤따랐다.

요가와 독서를 좋아하는 아내, 한창 뛰어다닐 때인 활동적인 아들들을 위한 쾌적한 집으로 선택된 것은 '수퍼-E® 하우스'였다. 구조나 수분 관리를 넘어 에너지효율까지 확실하게 챙기겠다는 의지가 엿보이는 대목이다.

집의 주요 구조를 기둥·보 방식인 중목구조로 결정한 후 설계를 부탁할 적임자로 제일 먼저 떠오른 건 한옥에도 일가견이 있는 일본인 건축가 도미이 마사노리 교수였다. 도미이 교수는 일본 중목구조의 모듈 시스템에 대한 이해가 높고, 한국식 목조주택으로 승화하는 데 능하다. 이전에도 파트너로 작업한 바 있는 그는 특히 거주자의 생활 디자인까지 섬세하게 고려하는 것으로도 유명하다. 산과 들을 낀 한적한 동네는 새집 소식에 조금씩 부산해져 갔다.

대지위치
서울시

대지면적
330㎡(99.82평)

건물규모
지하 1층, 지상 2층 + 다락

건축면적
125㎡(37.81평)

연면적
276㎡(83.49평)

건폐율
38%

용적률
56%

구조
지하 - 철근콘크리트구조 + 경골목구조(1층 바닥) / 지상 - 벽 : 중목구조(히노끼 노출), 지붕 : S.P.F 구조목

단열재
지하층 바닥 및 외벽 - 외단열(압출법단열재 150mm + 그라스울 32K 40mm) / 지상 - 외벽 : 수성연질폼 140mm(아이씬 가등급) + 암면 40mm 외단열(삼익산업 락울), 지붕 : 수성연질폼 235mm + 그라스울 32K 40mm 외단열 + 그라스울 32K 40mm 내단열

외부마감재
스터코(지하층), 이페 사이딩, 히노끼 판재(1층), VM 징크 3가지 색상 혼합(지붕, 2층 외벽)

창호재
이건창호 + 이건 아키페이스 알루미늄창호 일면로이삼중유리(PLAONE) + 진공유리

외방수시스템
GCP Korea

열회수환기장치
패시브웍스 Zehnder ComfoairQ 600

에너지원
도시가스, 태양광

전기
영진전력

설비
럭키설비

목구조공사
아낌없이 주는 나무

❶ VM징크를 세 가지 색상, 마름모꼴 유닛으로 주문해
이어붙이는 방식으로 외벽을 마감했다. 로스율이 적고 복잡한
형태가 나오지 않도록 최적의 경제적인 사이즈를 정하고자
목업(Mock up)을 거친 결과다.

❷ 다락 발코니에 올라서면 단지를 둘러싸고 있는 북한산과
은평 한옥마을이 한눈에 보인다.

❸ 설계할 때부터 옆집과 도면을 공유해 발코니 위치와
가림막 위치를 정했다. 다이닝룸과 연결된 배면에는 데크를
깔아 야외활동을 도모할 수 있다.

POINT 1 - 부석(浮石)의 미(美)

한국 건축의 특징 중 하나인 무거운 지붕을
현대적으로 해석했다. 캔틸레버 구조를 통해
형태로도, 외장재를 통해 색상으로도
표현된다.

POINT 2 - 아홉 칸 구성의 평면과 단면

3×3×3(m)의 모듈이 가로 3칸×세로 3칸, 총
아홉 칸이 되어 수평(평면)과 수직(단면)을
구성한다. 공간의 쓰임새에 따라 열고 막아
유연하게 조정할 수 있다.

POINT 3 - 공간의 유기적인 연결

열린 계단실 구조, 거실과 계단실의 경계
상부, 외부와 실내의 동선 다변화 등 단절돼
보이는 공간들이 유기적으로 연결돼
자연스러운 소통을 이룬다.

❹ 구조목재가 노출돼 따뜻하면서도 명쾌한 느낌을 주는 인테리어. 선형재는 히노끼를, 면재는 스프러스 CLT를 섞어 썼다. 구조상 중앙에 있어야 할 기둥이 생활에 불편을 줄 것을 예상해 기둥을 없애고 철골빔으로 구조를 보강했다.

❺ 하부 수납이 가능한 벤치를 두어 깔끔한 현관

❻ 거실을 바라보도록 아일랜드로 구성된 주방. 냄새가 나는 요리는 보조주방에서 하고, 한지를 투과해 은은한 햇살이 들어오는 다이닝룸에서 식사를 한다.

한옥의 현대적이고 실용적인 변주, 아홉 칸 집

도미이 교수는 이 집의 설계 키워드로 '천원지방(天圓地方 : 하늘은 둥글고 땅은 네모)', '부석의 미(浮石의 美 : 뜬 돌의 미학)', '9칸의 집(九間의 家)'을 꼽았다. 한국 전통 건축의 철학과 형태적 특징, 공간 구조를 현재의 한국 실정에 맞도록 해석하고자 했다. 3m×3m×3m의 모듈은 하나의 공간 유닛이 되어 두 개를 붙여 큰 공간이 되기도, 추후 통합·분리할 수 있도록 여지를 남기기도 하는 등 유연성 있게 작동한다. 아홉 개의 정사각형 집합은 요철이 적은 심플한 형상이 에너지 효율에 좋다는 것과도 자연스럽게 연결된다. "단독주택은 가정생활을 하는 곳으로 집과 마당, 즉 안팎을 자연스럽게 이어주는 동선과 순환이 중요하다"고 도미이 교수는 강조한다.

이 집에 적용된 시공 포인트 5

총동원된 다양한 구조 공법

전체 뼈대는 중목구조, 지하는 철근콘크리트 구조, 1층 바닥 및 일부 비내력벽과 지붕은 경골목구조, 1층 일부 구간 철골조, 기둥과 기둥 사이에는 우드월 시스템(경골목구조 비내력벽) 등 합리적인 구조를 위해 다양한 공법을 적용했다. 긴 경간 확보를 위해 I-joist 공학목재 등을 썼고, 구조재의 크기를 동일하게 맞추지 않고 계산에 의해 구조적 의미를 갖는 만큼만 부재를 사용했다.

중목구조에서 기밀막 대안 만들기

콘크리트는 벽체 자체가, 경골목구조는 가변형 투습방수지가 내부에 기밀막을 형성하는데 구조재를 노출하는 중목구조에는 다른 접근이 필요했다. 이에 방수·방습 성능을 지닌 GRACE社의 자착식 투습방수지를 외벽과 지붕의 외부 벽덮개(OSB 합판) 위에 부착해 방수 및 외부 기밀막을 형성하도록 꾀했다.

경골목구조를 차용한 1층 바닥

지하층이 있는 목조주택의 경우 1층 바닥(지하에선 천장)을 콘크리트로 처리해 지상층의 기초화하는 것이 일반적인데, 이 집은 경골목구조로 바닥의 레이어를 짰다. 바닥 장선의 역할은 공학목재인 I-joist로 하고(노출식), 그 위에 CLT 판재, 소음방지재, 구조용 합판, 소음재, 단열재 등을 차례로 쌓아 견고한 구조는 물론 층간 소음 방지 효과도 노렸다.

적재적소 외방수·외단열 시공

철근콘크리트 구조체를 상대적으로 차가운 땅속 냉기와 격리하기 위해 지하층 바닥과 옹벽에 외방수·외단열을 적용했다. 여름철 눅눅함과 곰팡이 및 라돈가스가 없는 쾌적한 지하를 만들기 위함이었다. 지상층 벽체 스터드에 가등급 수성연질폼, 지붕에 그라스울 32K를 채우고 외단열을 위해 불연재인 암면(락울)을 시공했다.

열회수환기장치와 바닥 설비층

수퍼-E® 하우스와 기존 목조주택 인증제도의 차별점 중 하나는 실내 공기 질도 평가항목이라는 것이다. 이에 외부 미세먼지 및 실내 이산화탄소 농도 조절을 위해 열회수환기장치를 설치했다. 1층 천장 구조빔의 노출을 위해 2층 바닥에 설비층을 설치해 기본 전기·설비 배관 및 열회수환기장치·에어컨 배관이 지나가도록 했다.

내부마감재
벽 – 천연페인트(바이오) / 천장 – CLT(스프러스
19mm), 히노끼 사이딩(무절) / 바닥 – 이건
원목마루, 이건 강마루, 구조목 위
천연오일스테인(바이오)

수전 및 위생기구
이케이파트너스, 아메리칸스탠다드

주방 가구 및 붙박이장
C&D디자인

계단재·난간
38×89 S.P.F 구조재(NLT Slab) + 평철난간

현관문
이글루도어(단열기밀도어)

중문 및 방문
철재 보강 합판도어 위 천연페인트 마감

구조설계(내진)
㈜두항구조 안전기술사사무소, 베스트프리컷

사진
변종석

설계
도미이 마사노리, 강민정, 김지원
kmj0502@gmail.com

시공
㈜스튜가목조건축연구소
www.stugahouse.com

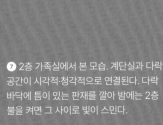

❼ 2층 가족실에서 본 모습. 계단실과 다락
공간이 시각적·청각적으로 연결된다. 다락
바닥에 틈이 있는 판재를 깔아 밤에는 2층
불을 켜면 그 사이로 빛이 스민다.

❽ 아이들의 공부방 겸 놀이방. 외곽으로
테이블을 둘러 활용도를 높였다.

❾ 안방-드레스룸-욕실을 회유 동선으로
구성해 욕실 이용은 편리하면서 공간은
절약된다. 간단한 장치로 순환하는 길을 집
안에 만들면 공간이 훨씬 풍성해진다.

한 채의 목조주택 참고서

국내 수퍼-E® 인증 주택 2호를 직접 시공한 바 있는 김 소장은 본인의 집을 지을 때도
건축주가 아닌 시공자 입장에서 이 집을 바라보는 게 맞다는 판단을 내렸다. 지하층을
사무실로 쓰면서 앞으로의 목조주택에 권장되는 기술을 건축주 또는 건축가, 시공사에게
직접 보여주며 설명할 수 있는 샘플하우스 역할까지 하도록 나선 것이다.
오랜 기간 검증해 온 공법과 자재는 물론, 예산이나 인식의 차이 때문에 현장에서
시도하지 못한 다양한 시공 디테일도 유감없이 적용했다. 일례로 기둥 목재로 통나무와
글루램을 섞어 쓰기도 하고, 노출된 천장에는 히노끼 빔과 루버, 스프러스 CLT 판재를
혼재해 마치 한 가지 수종의 목재만 사용한 것처럼 보이도록 했다. 한편으로는 기술의
한계로 생활이 불편하지 않도록 철골을 보강하기도 하는 등 원칙과 대안을 조율해 집을
완성해 나갔다.

구현하고자 했던 설계와 시공 디테일 욕심을 마음껏 펼칠 수 있었던 바탕에는 수퍼-E® 인증이라는 든든한 지원이 있었기에 가능했다. 한국 기후와 실정에 맞는 체계화된 기술 표준과 단열 및 실내 공기질 체크까지 목조주택 민간감리제도를 다년간 운영한 전문가들이 직접 실사에 참여하고 숫자로 집의 성능을 확인해 주기 때문이다. 집의 기밀성능을 보여주는 블로어도어 테스트의 경우 1.5ACH(완공 후) 이하면 합격이지만, 이 집은 0.37ACH를 기록했다. 설계와 시공, 자재와 공법, 에너지와 공기질 등 기본에 충실하고 쾌적한 집. 목조주택의 미래가 어느새 성큼 와 있다.

❿ 아직 나이가 어린 지금은 형제가 함께 방을 쓰지만, 모듈 구성의 평면과 중목구조를 적극 활용해 큰 공사 없이 각자의 방을 만들어 줄 수도 있다.

⓫ 욕실은 프라이버시가 보장되는 모서리 부분으로 바깥의 자연이 유입되고 내부는 목재로 차분하게 마감해 마치 해외 호텔 스파를 이용하는 느낌이다.

⓬ 창의력을 키우는 높은 층고의 아이들 공부방은 다락 발코니와 서로 통한다.

POINT 1 - 한 개의 유닛으로 만든 계단

못으로만 연결해 원하는 판재를 만드는 NLT(Nail Laminated Timber) 방법을 이용해, S.P.F 2"×4" 목재로 만든 유닛으로 계단 전체를 설치했다.

POINT 2 - 반개폐 가능한 다락 출입부

목재로 직접 짠 다락 출입부는 고정된 루버형 벽과 미닫이로 움직이는 프레임을 엇갈리게 배치해 완전히 닫을 수도, 반만 열 수도 있는 시스템이다.

POINT 3 - 모두를 배려한 화장실 위치

스킵플로어 계단참에 놓인 화장실은 거실에서 잘 보이지 않아 손님도 편히 사용할 수 있고, 2층 주생활 공간에서도 부담 없는 위치에 있다.

저에너지 목조주택을 짓고 싶다면, 수퍼-E® 인증제도

▶ 수퍼-E® 하우스의 국내 도입 의미

갈수록 저에너지 주택에 대한 관심이 증가하면서 고효율 주택에 대한 수요 역시 높아지는데,
독일 패시브하우스가 요구하는 성능에는 고가의 자재와 비용이 투입된다. 수퍼-E 인증제도는
목조주택에 특화되어 있으며, 저에너지 주택의 요구사항을 비교적 쉽게 달성할 수 있는
표준으로 고단열·고기밀은 물론 쾌적한 실내 환경을 보장한다.

▶ 한국 수퍼-E® 하우스의 특징

이미 국내 수퍼-E 인증(캐나다명 : R-2000)제도는 2008년 포천 팀버프레임 하우스가 1호로
지어진 바 있다. 이후 2016년 11월, 캐나다 수퍼-E 사무국과 ㈜한국목조건축협회가 MOU를
맺고 구조적인 안정성에 기반을 둔 한국형 프로그램으로 2018년 본격적인 도입을 시작했다.
이번 한국 수퍼-E 인증은 기존 캐나다 환경에 맞춰진 기술 표준을 한국의 기후 조건 및 단열
기준 등을 고려해 재정립하고, 냉난방 시스템, 실내 공기질 리스트 등을 국내 환경 및 조달
용이성을 반영해 국내 표준을 제정한 데에 의미가 있다(국내 법정 단열 기준 대비 약 30% 강화).

현장 방문 및 인증위원 실사

▶ 수퍼-E® 인증 신청 방법

한국 수퍼-E 인증을 위해서는 구조 및 수분 관리, 목조건축 감리제도인 5-STAR 품질인증과
함께 신청되어야 한다. 인증 신청은 도면, 시방서, 기밀막, 창호 및 보일러, 환기 장치 등의 스펙
확인 및 검토를 위해 최소 착공 1개월 이전에는 실시해야 하며, 한국목조건축협회로 신청하면
된다. 인증 비용은 400만원(5-STAR 품질인증 포함)이고, 수퍼-E 회원가입비와 HOT2000
에너지 시뮬레이션 비용은 별도이며, 지역별로 인증 비용의 차이는 있다.

기밀 성능 확인하는 블로어도어 테스트

1단계 - 계획
신청, 자료 송부,
에너지 시뮬레이션,
디자인 검토

2단계 - 시공
현장 감리, 함수율 체크,
환기시스템 검토,
기밀테스트, 캐나다산
자재 확인

3단계 - 완공
보완 서류 제출 및
검토로 인증 여부 결정,
명판 및 인증서 전달

자료협조
캐나다우드 한국사무소
www.canadawood.or.kr
㈜한국목조건축협회
www.kwca.or.kr

❸ 모임지붕의 다락. 천원지방의 뜻을 원형 띠 조명으로 구현했다. 천창, 발코니, 2층 연결부 등이 있어 답답하지 않고 늘 쾌적하다.

❹ 아이들이 가장 좋아하는 공간인 그물놀이터.

SECTION

①사무실 ②썬큰 ③창고 ④기계실 ⑤현관 ⑥주차장 ⑦거실 ⑧주방 ⑨식당 ⑩사랑방 ⑪화장실 ⑫다용도실 ⑬데크 ⑭가족실 ⑮방 ⑯서재 ⑰드레스룸 ⑱다락 ⑲발코니

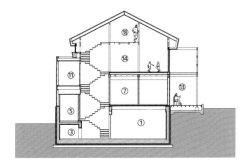

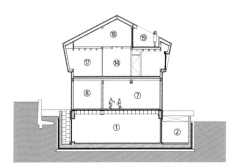

PLAN

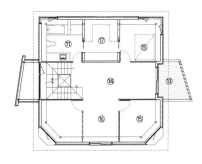

2F - 95m²

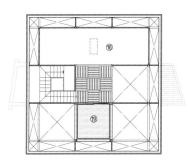

ATTIC - 36m²

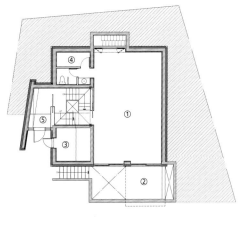

B1F - 92m²

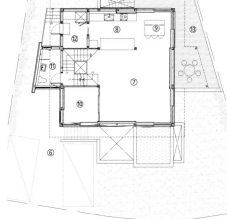

1F - 89m²

담백한 매력의 단층주택
속초 쌓인집

담백한 매력의 단층주택

단독주택에 대한 로망이
있던 건축주는 첫만남부터
원하는 집의 그림을
면밀히 준비해 왔다.
설계는 건축주가 원하는
탁 트인 평면 구성과
편경사 지붕은 살리되
좀 더 단순명료한 형태로
재구성하는 방안으로
수립되었다.

1 ⓒ함영인

건축주 가족구성은 부부와 딸 3인 가족으로, 살림집 보다는 은퇴 후를 고려한 세컨하우스에 가깝다. 따라서 침실은 최소화 하고 공용공간에서 여유와 쾌적함을 만끽할 수 있도록 계획하여 손님이나 친척들의 방문에도 부족함이 없도록 하였다. 대지가 주택을 짓고 남을 만큼 충분하기에 설계는 단층으로부터 시작되었다. 편경사 지붕아래 거실들을 남향에 배치하고 서비스공간을 북향에 배치하는 것으로 간단한 조닝이 완성되었다. 경사지붕의 남는 공간에 다락방 같지만 다락보다는 넉넉한 2층을 쌓아준 후 2차 수술을 집도했다. 동서남북 전부 향이 좋은 땅이기에 남측 거실·주방 전면을 먼저 깎아주고 거실 뒤편으로 나갈 수 있는 공간을 파내었다. 2층에는 서측의 울산바위를 조망할 수 있도록

베란다를 내주니 치즈조각 같은 최종형태가 나오게 되었다. 건축자재는 전부 목조주택의 기본이라고 할 만한 재료들로 조합하였다. 기본재료라고 해서 품질이 떨어지는 것이 아니며 오히려 흔한 재료이기 때문에 각종 하자에 대한 설계·시공적 대비책이 더 많이 준비되어 있다고 생각했다. 이는 경제성·기능성을 충족하면서도 심플한 형태를 원하는 건축주의 니즈가 반영되었다고 할 수 있다. 공사가 완료된 후, 마치 고즈넉하게 눈 덮인 설산같은 건물의 모습을 보고 우리는 쌓인 집이라고 이름 붙였다. 가족과 친구들에게 자랑하고 싶은 집이라고 말씀해주시는 건축주님과 설계도면과 다름없이 시공해준 시공사에게 감사한 마음이다. 〈글_ 최문수〉

대지위치	**연면적**	**구조**	**철물하드웨어**
강원도 속초시	148.16㎡(44.81평)	기초 - 철근콘크리트 매트기초 / 지상 - 경골목구조	심슨스트롱타이
대지면적	**건폐율**	외벽,내벽 - 2×6 SPF 구조목 / 지붕 - 2×10 SPF	**에너지원**
700㎡(211.75평)	19.68%	구조목, 5x12 글루램	LPG
건물규모	**용적률**	**단열재**	
지상 2층	21.17%	그라스울 24K, 비드법 2종1호 150mm	
거주인원	**주차대수**	**외부마감재**	
3명(부부 + 자녀 1)	1대	외벽 - 외단열시스템 / 지붕 - 아스팔트 이중그림자싱글	
건축면적	**최고높이**	**창호재**	
137.79㎡(41.68평)	7m	KCC PVC 삼중창호	

❶ 속초에 자리 잡은 경사지붕이 두드러진 전원주택. 건축주는 당장은 주말주택을 용도로 사용하고 있으나, 은퇴 후에는 내려와 거주할 목적으로 집을 마련하였다.

❷ 대지면적이 200평이 넘는 만큼 주택이 앉혀질 건축면적은 넉넉했다. 크게 면적에 욕심을 내기보다는 거주와 사용에 부족함이 없도록 공간계획과 설계가 진행되었다.

❸ 넉넉하게 확보된 처마의 깊이는 일조량을 조절하고 데크에서의 다양한 활동을 가능케 한다.

❹ 현관 입구는 남향에 배치하였다. 외부마감재는 외단열시스템을 기본으로 벽돌을 사용하여 포인트를 주었다.

내부마감재
벽지 – LX하우시스 / 인테리어 필름 –
영림 / 마루재 – 동화

욕실 및 주방 타일
수영세라믹 국산타일

수전 등 욕실기기
아메리칸스탠다드

주방가구
한샘

조명
렉스조명

계단재·난간
미송 집성목

현관문
커널시스텍

중문
영림 3연동도어

방문
영림 ABS도어

데크재
포천석 버너구이

구조설계(내진)
솔빛엔지니어링

사진
함영인, 클로이강

시공
엔아이건축

설계·감리
바나나건축사사무소
www.bananaspace.co.kr

거실 전면창이 남향으로 배치되어
실내가 전체적으로 무척 밝은
분위기이다.

속초 쌓인집

❺ 지붕선을 드러내 정형화되지 않고 입체적인 볼륨감을 드러내는 거실. 거실 양면으로 창을 두어 통풍에도 신경을 썼다.

❻ 3연동 도어와 낮은 턱으로 출입이 더욱 간편해진 현관.

❼ 욕조와 샤워실을 함께 사용하는 방식으로 욕실의 공간적 효율성을 높였다.

❽ 공간 배분은 공용공간에 중점을 둔 가운데, 실은 비교적 작은 편이지만 수납장을 설치해 편리하게 사용할 수 있다.

❾ 블랙&화이트의 대비감을 연출한 주방. 옆으로 넓은 창이 채광과 풍광을 적극적으로 들인다.

❿ 별도의 파우더룸을 두는 대신 매립식 화장대를 두어 컴팩트하고 미니멀하게 구성한 안방.

⓫ 2층으로 향하는 계단. 현관 바로 옆에 계단이 놓여 동선이 효율적이다.

⓬ 계단과 현관에서 가까운 곳에 외부 세면대를 두어 복잡한 시간에 효과적이다.

⓭ 2층 공간은 가족의 보조적 공간 겸 창고로 쓰인다.

넓은 면적의 정원을 통해 여유로운 정원을 가꾼 주택.

SECTION

①현관 ②거실 ③침실 ④욕실 ⑤주방 ⑥식당 ⑦다용도실
⑧보일러실 ⑨데크 ⑩발코니 ⑪창고

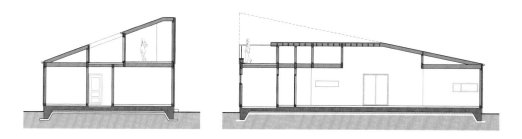

PLAN

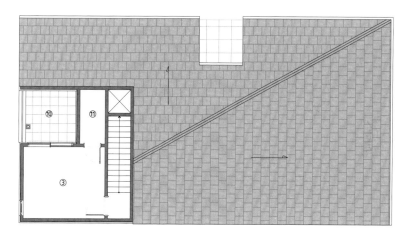

2F - 22.40㎡

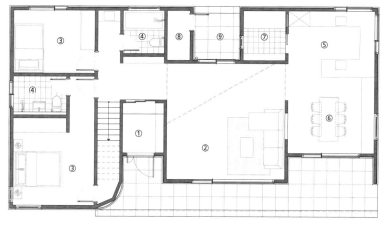

1F - 125.76㎡

중년 부부의 특별한 마당집
인생2막 ACT2

프라이버시와 마당을
동시에 지키기 위해 탄생한
넓은 가벽 마당.
손님들의 웃음소리가
끊이지 않는 집에는
특별한 비밀들이
숨겨져 있다.

❶ 주택의 측면. 단단하고 응집된 조형미를 풍긴다.

❷ ㄱ자 형태의 집과 가벽 사이의 틈이 지루하지 않고 색다른 입면을 만든다.

❸ 주차장 문은 우드 톤의 간살을 활용해 심심할 수 있는 외관에 포인트를 주었다.

❹ 코너창은 멀리 산자락 풍경을 담을 수 있도록 방향을 설정했다.

❺ 위에서 내려다본 마당의 모습. 중앙의 나무를 중심으로 조경 공간을 구획했다.

❻ 가벽의 코너창을 통해 빛의 모양이 시시각각 변화한다.

대지위치	**연면적**	**구조**	**담장재**
경기도 의정부시	198.14㎡(59.94평)	기초 - 철근콘크리트 구조 / 지상 - 철근콘크리트	두라스택 큐블록 Q2 시리즈
대지면적	**건폐율**		**창호재**
262.2㎡(79.32평)	39.85%	**단열재**	이건창호 시스템창호 70mm PVC, 185mm PVC
건물규모	**용적률**	비드법단열재(준불연) 190mm, 경질우레탄폼 150mm	**에너지원**
지상 2층 + 다락	70.40%		도시가스
거주인원	**주차대수**	**외부마감재**	
2명(부부)	2대	외벽 - 유코브릭 타일브릭500(그레이) / 지붕 - 컬러강판	
건축면적	**최고높이**		
104.48㎡(31.61평)	9.59m		

도란도란 손님들의 이야기 소리가 끊이지 않는 특별한 마당 집이 있다. 의정부시에 위치한 주택 필지는 3면이 인접 필지에 접해 있어 프라이버시 확보를 위한 아이디어가 필요했다. 그 상황에서 건축주가 놓칠 수 없었던 사항은 많은 사람이 모일 수 있는 넓은 마당. 프라이버시와 넓은 마당을 함께 가져가기 위해 리슈건축사사무소는 공중에 떠 있는 듯한 가벽을 계획했다. 김유나 부소장은 도심지 주택 단지 프로젝트를 진행할 때 제안하는 방식 중 하나라고 전했다. 그렇게 ㄱ자 구조의 집에는 가벽을 통해 중정이 탄생하게 됐다. 가벽이 마당을 두르지만, 시야가 닿는 아랫 부분은 열려 있고 코너창이 크게 뚫려 있어 가벽 때문에 답답하다는 느낌은 들지 않는다. 건축주는 오히려 복잡한 주변 풍경을 가리고 오직 하늘의 풍경만을 담는 중정의 매력에 흠뻑 빠졌다고 말한다. 어린 시절 마당과 정원에서 가족들과 시간을 보냈던 추억이 강하게 남아 있기에 중정 공간은 건축주에게 더욱 특별하게 다가왔다.

내부마감재
벽, 천장 – 삼화페인트 / 바닥 – D&MAISON
강마루

욕실 및 주방 타일
유로세라믹

수전 등 욕실기기
아메리칸스탠다드

주방 가구
한샘 키친바흐

조명
크룩스, 루이스폴센

계단재·난간
집성목 + 평철난간

현관문
성우스타게이트 모데스티 다크그레이

방문
예림도어 + 도장

붙박이장
비아트퍼니쳐

조경
서호종합조경

전기·기계·설비
㈜코담기술단

구조설계
㈜라임이엔씨

사진
김재윤

시공
위드라움

설계·감리
㈜리슈건축사사무소
https://blog.naver.com/richuehong2

1층에는 최대한의 공간을 할애해
주방과 손님들을 응대할 수 있는
공간을 마련했다. 메인 주방 뒤로는
보조 주방이 있다.

단독 · 전원주택 설계집 A2

7

8

사람들을 만나고 초대해 시간을 보내는 것을 좋아하는 건축주 부부의
집에는 많은 손님이 방문한다. 이러한 특징은 넓은 마당과 넓은 데크,
그리고 1층 구성에 영향을 미쳤다. 1층은 수용인원을 늘리기 위해 주방과
식당을 최대한 크게 조성했다. 주방은 마당과의 단차를 작게 하면서
데크를 넓게 설치해 마당과 실내가 하나로 열려 있는 공간인 것처럼
느껴진다. 외부에서 본 주택의 모습에는 창이 최소한으로 구성되어
있지만 내부는 그와 완전히 반대되는 모습으로 적극적인 창의 배치를
계획했다. 마당을 향해 코너창이 크게 열려 있고, 현관의 중문 역시 창처럼
투명하게 계획해 집에 들어서자 마자 넓게 펼쳐지는 마당 풍경을 감상할
수 있다. 이렇게 1층이 손님과 가족들이 만나는 공적 영역의 성격이
강하다면 2층과 다락은 안방, 가족 거실, 서재 등 가족들만의 사적인
영역으로 계획됐다. 2층 공간은 외부의 가벽으로 가려져 시선이 완전히
차단되면서 1층과 마찬가지로 마당으로 널찍하게 열린 창 덕분에 시원한
공간감을 조성한다. 외부에서는 1층의 모습만 볼 수 있어서 저녁 시간
이후에 항상 불이 꺼져 있는 모습만 보았던 이웃은 사람이 살지 않는
집이라고 착각하기도 했다고. 모던한 회색 벽돌로 마감된 외부와 달리
화이트 컬러와 우드톤으로 미니멀하게 꾸며진 내부는 시원한
공간감이라는 집의 특징을 한층 더 강조해준다. 자재 하나하나
건축사사무소와 함께 발품을 팔아 신중하게 골라 건축주의 취향을 통일감
있게 담을 수 있었다. 그리고 계단실에는 특별한 공간이 숨겨져 있다.
1층부터 다락까지 길게 이어지는 창 앞으로 조성된 작은 대나무 마당이
바로 그것이다. 벽돌 영롱 쌓기로 외부 시선을 차단하면서 채광을
확보하고 동시에 집 안에 들어와야만 확인할 수 있는 비밀스러운 포인트
공간이 되었다. 시선을 막지 않는 평철 난간은 계단실을 더욱 트여 보이게
해주는 요소 중 하나다. 난간의 이미지는 2층의 거실 공간을 구획하는
간살 가벽으로 이어져 공간에 통일성을 부여한다. 부부의 인생2막을
책임질 집, ACT2. 입주한 지 8개월이 지나 사계절을 겪어보니 더할나위
없이 만족스럽다는 건축주의 집에는 앞으로도 행복한 속삭임이 끊이지
않을 것 같다.

❼ 1층부터 다락까지 계단실 전체로 펼쳐지는 비밀스러운 대나무 정원 공간.

❽ 다양하게 계획된 창을 통해 항상 충분한 채광을 확보할 수 있다.

❾❶ 2층의 거실은 가족들이 1층에 가지 않아도 모일 수 있는 넉넉한 공간이다. 한편에
테라스가 있어 1층 마당과의 연결성을 높여준다. 간살 가벽으로 공간을 나누었고, 삼각형의
고측창으로도 빛을 받아낸다.

❿ 다락 공간은 남편을 위한 독립적인 서재 공간으로 사용된다.

⓬ 1층 화장실은 세대대 공간을 따로 두어 편하게 드나들 수 있도록 구성했다.

⓭ 심플하게 구성된 인테리어에 노란색, 연두색 등 포인트가 될 가구들을 적절히 배치했다.

마을 사람들을 초대해 바베큐 파티나 모임을 즐기기에 부족함이 없는 마당.

SECTION

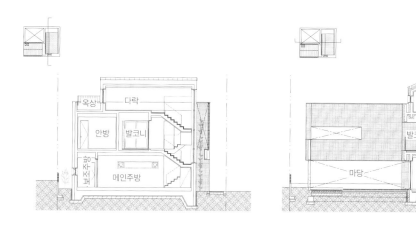

PLAN

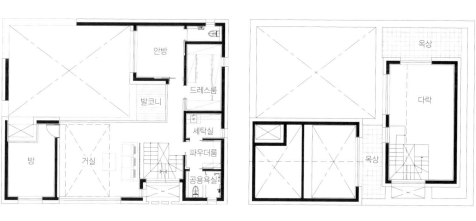

2F - 95.96m²

ATTIC - 26.89m²

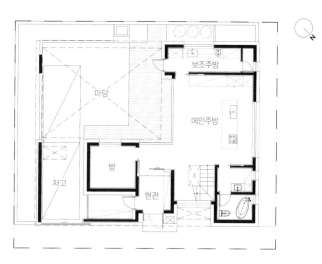

1F - 102.18m²

가족의 처음이자 마지막이고 싶은 집
Timeless Home

가족의 처음이자 마지막이고 싶은 집

단독주택에 대한 로망이
있던 건축주는 첫만남부터
원하는 집의 그림을
준비해 왔다.
이를 다각도로 반영하여
건축주가 원하는 탁 트인
평면구성과 편경사 지붕은
살리되 좀 더 단순명료한
형태로 재구성하기로
하였다.

충북 음성군의 한 마을. 주변에 신축 아파트들을 끼고, 근사한 생활체육공원을 코앞에 둔 땅에 세 채의 집이 들어서고 있다. 두 채는 이미 입주를 완료했고, 한 채는 건축이 진행 중이다. 가족끼리 합심해 땅을 개발하고 필지를 나누어 집을 지었는데, 도로면의 담을 하나로 만들어 일종의 작은 단지주택 같은 이미지를 갖는다. 대지 경사를 활용해 만든 차고, 대문과 자연석 계단을 통해 마당으로 오르면 시원하게 펼쳐진 정원을 만난다. 1천㎡에 달하는 대지는 완만한 경사로 재미를 준 잔디마당과 빼어난 수목, 야외 테라스가 한데 어우러져 눈을 즐겁게 한다. 건축에 대한 준비가 1년이었다면, 조경에 대한 준비는 10년 전부터 이루어졌다. 좋은 나무와 멋진 조경석을 만나면, 한 장소에 모아두면서 미래의

정원을 꿈꿔왔다. 덕분에 마당에는 고목이라 칭할 법한 향나무와 느티나무가 큰 그늘을 만들어 주고, 평상을 대신할 만큼 너른 바위가 휴식처가 된다. 건축주는 온종일 마당을 뛰노는 막내아들을 보면 그동안 쏟았던 열정과 시간이 아깝지 않다고 말한다. 일주일에 한 번 오는 잔디 깎는 시간도 즐거운 일상이 되었다고. 집은 두꺼운 목재를 짜맞춤 형식으로 지은 중목구조다. 과하지 않은 설계와 합리적인 건축비 등을 고려해 내린 선택이다. 무엇보다 가족은 시멘트집을 벗어나고자 하는 바람이 있었다. 노출되는 거대한 목재 보를 통해 나무가 주는 경쾌하고 자연스러운 분위기를 온전히 만끽하고자 했다. 아직 어린 아이들이 있는 집이지만, 2층을 포기하고 심플한 단층을 택한 것도 의외다.

대지위치 충청북도 음성군	**거주인원** 부부 + 자녀 3	**구조** 기초 - 콘크리트 매트기초, 지상 - 105×105 글루램 중목구조	**창호재** 이플러스윈도우 알루미늄 시스템창호(3중로이)
대지면적 1,000㎡(303평)	**건폐율** 17.6%		**철물하드웨어** 스테키코리아 중목철물
건물규모 지상 1층 + 다락	**용적률** 17.6%	**단열재** 크나우프 에코필, 크나우프 24K 유리섬유, 락울	
건축면적 176㎡(53.33평)	**주차대수** 2대	**외부마감재** 벽 - 삼한C1 점토벽돌 / 지붕 - 모니어 점토기와(평기와)	**에너지원** LPG
연면적 176㎡(53.33평, 다락 73㎡)	**최고높이** 7.3m	**담장재** 자연석	**조경** 건축주 자체 조경

❶ 집의 외관은 최대한 단순화해 하자 발생
요소를 줄였다. 빗물은 후레싱을 타고 땅
속 배관으로 바로 흐르게 해 집의 외관이
한결 깔끔하다.

❷ 비정형의 자연석으로 진입로를 만들고
곡선의 구획들로 마당을 조성했다. 심플한
선의 주택과 대비되는 효과를 낸다.

❸ 오래 전부터 모아둔 거대한
자연석들은 출입구 정원 곳곳에
포인트가 된다.

❹ 가족의 건강과 단열 등을 고려해 글루램 기둥과
보를 구조로 택했다. 모든 보를 노출시키지 않고
적당히 감추며 보여주는 방식으로, 젊은 감각의
중목구조 인테리어를 완성했다.

내부마감재
페인트 도장

욕실 및 주방 타일
신흥스톤

수전 등 욕실기기
아메리칸스탠다드 외 수입기기

주방 가구·붙박이장
라르마 주문제작

조명
대림조명

계단재·난간
오크 집성재

현관문
커널시스텍

중문
투핸즈

방문
태창도어 자작나무합판 제작

데크재
비정형 석재

사진
변종석

설계
㈜세담주택건설 + 음성건축사사무소

시공
㈜세담주택건설
www.sedam.co.kr

거실과 다이닝룸 사이에는 낮은
벽을 세워 구분하되 개구부를
냈다. 특별한 식사 공간을 위해
천장은 박공 형태로 마감했다.

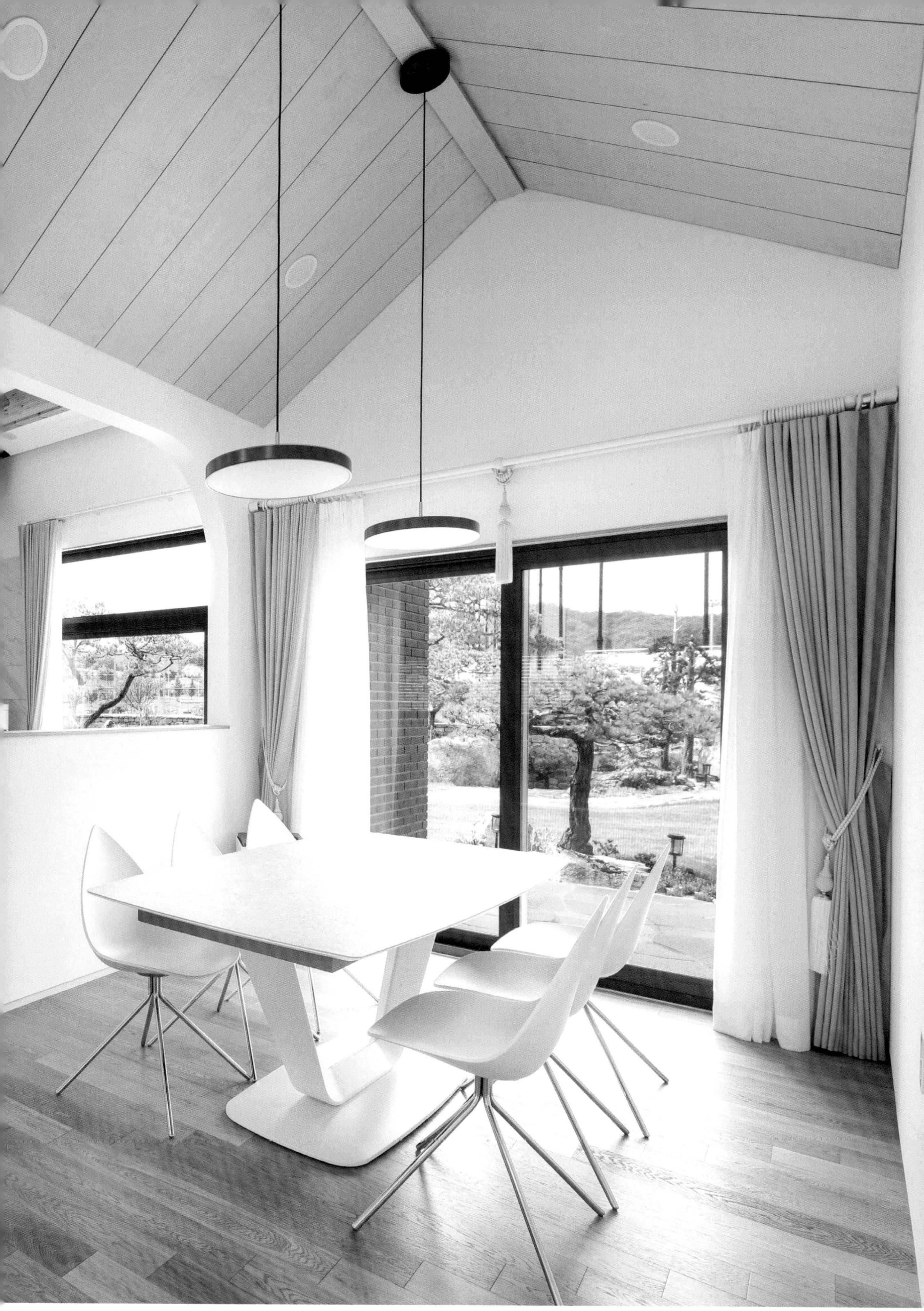

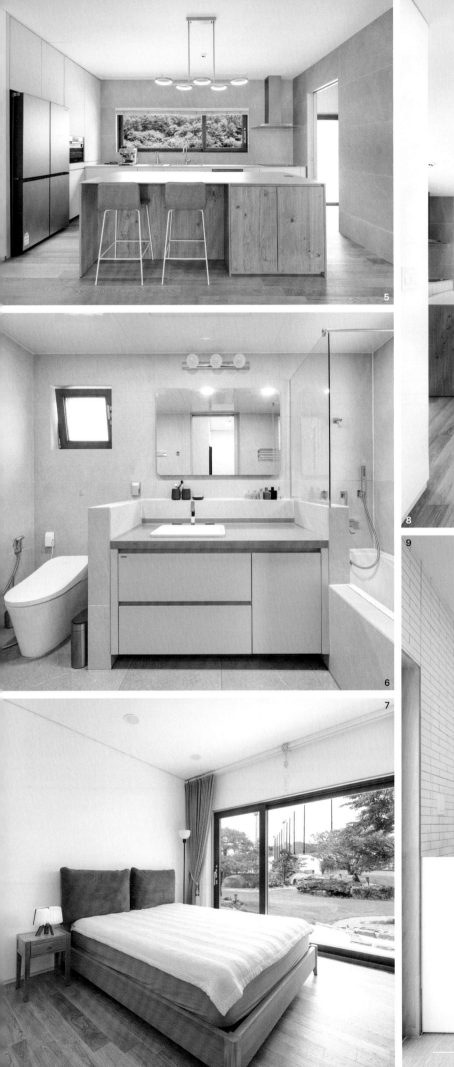

여기에는 평생 살고 싶은 집에 대한 염원이 있었다. 아이들이 장성해 집을 떠나도 부부가 여생을 보내기에 불편하지 않은 집이어야 했다. 다행히 대지가 넓어 충분한 1층 면적을 확보할 수 있었고, 거실 부위는 층고를 높여 개방감을 주고 아이들에게는 다락을 선물해 2층의 아쉬움을 달랬다.

부부 침실과 자녀방 세 개는 모두 남쪽에 위치한다. 거의 비슷한 면적으로 나누고, 모두 앞마당으로 발코니창을 내어 바로 흙을 밟을 수 있게 했다. 북쪽으로는 방을 제외한 부엌, 다용도실, 욕실, 계단실, 드레스룸을 배치해 주택은 좌우로 긴 동선을 갖는다. 집의 중심인 거실과 주방은 오픈형이지만, 다이닝룸은 좀 더 특별한 공간으로 꾸몄다. 거실과 분리하는 낮은 벽을 세우고, 아치형 개구부를 제작했다. 나무를 덧댄 박공 형태의 천장이 아늑한 분위기를 강조한다.

인테리어는 전적으로 부부의 소신을 따랐다. 싱크대나 신발장 등 제작가구는 직접 업체를 수소문해 주문하고, 바닥재와 타일 등 모든 소재와 컬러도 스스로 택했다. 일련의 과정이 힘들기도 했지만, 실력 있는 시공팀을 만나 후회 없이 진행했다. 유행에 휩쓸리는 디자인 대신 보편적인 실용성을 최우선에 뒀기에, 집도 인테리어도 뚝심 있게 완성할 수 있었다.

세월이 흐르면 가족의 생활은 바뀌겠지만, 집은 그대로일 것이다. 항상 어릴 것만 같은 아이들도 언젠가는 집을 떠난다. 당장에 치우친 집은 언젠가는 짐이 될 수도 있음을, 이 현명한 가족은 이미 알고 있었다. 그래서 이렇게 오랫동안 함께할 집에서, 처음이자 마지막이고 싶은 주택살이를 시작했다.

❺ 과감히 상부장을 없애고 큰 창을 낸 주방. 아일랜드 형태에 톤앤톤 컬러감으로 고급스럽게 연출했다.

❻ 부부 침실에 딸린 욕실.

❼ 마당으로 바로 나갈 수 있는 발코니창을 낸 침실.

❽ 안방 쪽에서 바라 본 통로.

❾ 보조주방 겸 세탁실.

❿ 거실과 다이닝룸을 하나의 동선 상에 두되 기능적인 구분이 되도록 구획을 나누었다.

⓫ 중목구조의 글루램이 노출되어 목가적인 분위기를 내는 자녀방. 아이 셋을 위해 각 방의 크기도 동일하게 배치했다.

⓬ 수납실 겸 아이들의 놀이방, 부부의 취미실로 사용하는 다락방. 지붕은 단열성능이 좋은 기와로 마감하고 원루프 방식으로 시공되어 실내가 쾌적하다.

평기와와 벽돌 외장재는 오래가는 집을 위한 필요 조건이다. 여기에 에코필, 락울 등 단열과 내화 모두를 만족시켜는 단열재로 집의 성능도 한껏 끌어올렸다.

SECTION

① 현관 ② 거실 ③ 식당 ④ 안방 ⑤ 화장실 ⑥ 자녀방
⑦ 주방 ⑧ 드레스룸 ⑨ 다용도실 ⑩ 보일러실 ⑪ 다락

PLAN

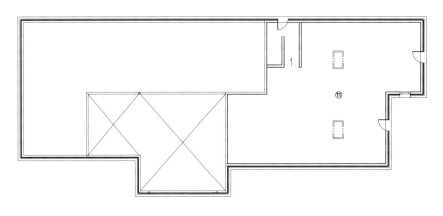

ATTIC - 73m²

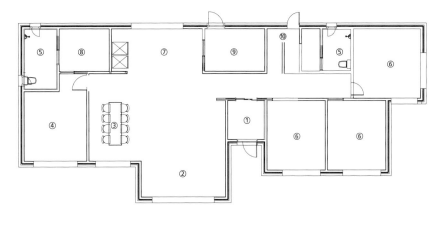

1F - 176m²

두 팔 벌려 환영하는 집
WELCOME HOUSE

두 팔 벌려 환영하는 집

사람 챙기길 좋아하는 가족이
집을 지었다.
자연을 품은 듯
가만히 정원을 감싼 주택은
꼭 그들을 닮았다.

❶ 밖에서 잘 보이는 전면에 계단실을 두어 프라이버시를 보호하고자
했다. 최상층 창문 상부는 지붕과 경사를 나란히 주어 조형미를 살렸다.

❷ 시원스레 뻗은 1자형 계단과 복도의 모습. 현관에 들어서면 돌아가지
않고 거실과 주방, 2층으로 각각 바로 통하도록 동선을 계획했다.

❸ 3층 가족실에서 바라본 마당 전경. 비정형적인 잔디 정원 주위로는
왕마사를 깔고, 향나무, 매화나무, 구상나무, 장미 등을 심었다.

❹ 지하 주차장에 주차 후 외부 계단을 통해 현관으로 진입할 수도
있지만, 썬큰을 거쳐 건물 안으로 들어와 지하에서 지상으로 올라갈
수도 있다.

대지위치 경기도 수원시	**건폐율** 46.50%	**단열재** 벽 - 비드법단열재 2종1호 110mm + T32 열반사단열재 + T20 공간 / 지붕 - 비드법단열재 2종1호 100+200(㎜) + T13 열반사단열재 + T20 공간	**에너지원** 개방형 지열시스템(옥수개발)
대지면적 333㎡(100.73평)	**용적률** 75.75%		**조경석** 현무암 판석, 강원도 강돌
건물규모 지하 1층, 지상 3층	**주차대수** 3대	**외부마감재** 외벽 - 현무암 벽돌, 송판무늬 노출콘크리트, 박판세라믹 / 지붕 - 징크(JARDEN ZINC Ocean Blue)	**조경** ㈜다원특수조경
구성원 4명(부부 + 자녀 2)	**최고높이** 12.2m	**담장재** 노출콘크리트 위 발수 코팅	**전기·기계** ㈜정명기술단 기술사사무소
건축면적 154.83㎡(46.84평)	**구조** 기초 - 철근콘크리트 매트기초 / 지상 - 철근콘크리트	**창호재** 이건창호 T35 알루미늄 시스템창호(삼중양면로이유리)	**설비** ㈜코담기술단
연면적 403.64㎡(122평)			

오랫동안 로망으로만 품어온 단독주택 생활. 건축주 안병모 씨는 10년이 넘는 시간 동안 과장을 조금 보태어 안 가본 데 없이 땅을 찾으러 다녔다. 그만큼 입지를 중요하게 생각한 그가 비로소 선택한 곳은 수원의 작은 공원을 마주한 땅. 남북으로 사다리꼴 형상의 대지는 북측으로는 진입로가, 남측으로는 도로보다 한 층 위 높이의 평지가 공원을 병풍 삼아 펼쳐진다. 신재생에너지 활용, 생태면적률 의무 적용 등 지켜야 할 지구단위계획 지침이 적지 않았지만, 그 모든 것들을 감수할 만큼 마음에 드는 곳이었다.

땅은 마치 운명과도 같아 한눈에 알아볼 수 있다는 말이 병모 씨에게도 통한 걸까. 땅을 본 바로 그날, 그는 10년간의 여정에 마침표를 찍었다.

설계는 플라잉건축사사무소 서경화 소장이 맡았다. 건축뿐만 아니라 이후의 생활까지 고려한 집에 대한 철학이 서로 통했다. 서 소장은 "대지 위치는 최상의 조건이었지만, 등산로에서 집이 보이는 부분과 손님이 자주 오는 라이프스타일에 대한 대안을 제시해야 하는 고민이 있었다"며 이를 단서로 삼아 설계를 시작했다.

그 결과 외부의 시선이 바로 만나는 주택의 남측 전면부는 '열려있되 보이지 않는 공간, 혹은 봐도 무방한 공간'인 계단실이 배치되었다. 여기에 접객을 위해 거실과 주방을 양쪽으로 분리하면서 주택의 형상은 자연스레 두 팔을 벌려 환영하는 듯한 모양새가 되었다.

내부마감재
벽 - LX하우시스 벽지(방), 안티스터코 및
벤자민무어 친환경 도장(거실, 주방) / 바닥 -
인도네시아 수입 원목마루(방) 상아타일(거실,
주방)

욕실 및 주방 타일
상아타일(이태리 수입 타일 RUNA _ GRIGIO/
SCURO, RUNA _ NERO,NOON-03)

수전 등 욕실기기
아메리칸스탠다드, INUS

주방 가구
엔뉴(맞춤가구)

조명
비츠조명 제작(볼 타입, 샹들리에), Litework

계단재·난간
멀바우 + 평철난간

현관문
이건창호 현관문

방문
제작

붙박이장
한샘

데크재
이페 22mm 천연 데크재

구조설계
지우구조기술사사무소

사진
이재상

시공
건축주 직영공사

설계
플라잉건축사사무소
https://flyingarch.co.kr

높은 층고의 거실. 등산로에서 보이는
남측 대신 마당을 향해 창을 크게
내었다.

POINT 1 - **개방형 지열시스템**

신재생에너지활용구역인 주택에 7.5RT
용량의 개방형 지열시스템을 설치해
온수·냉방·정원수 등에 활용한다.

POINT 2 - **생태면적률**

대지면적의 40% 이상을 생태적 기능 및
자연순환기능이 있는 토양
면적(생태면적)으로 채워야 했다.

❺❼ 가족과 손님 모두가 함께 쓰는 공간인
1층에는 이태리 수입 타일을 깔아 집에 적당한
긴장감과 무게감을 더했다 주방은 넓은
상판의 아일랜드와 다이닝 테이블이 데크까지
이어지는데, 미닫이문을 단 다용도실에서는
냄새나는 음식을 조리할 수 있다.

❻ 계단의 디딤판과 높이 부분의 배색, 창호
공틀과 흰 벽체의 대비가 산뜻한 분위기를
연출한다.

❽ 1층 거실과는 또 다른 느낌의 3층 가족실.

1층은 가족과 손님이 함께 하는 공간을 콘셉트로 잡고, 2층은 오직 사적인 영역들로 채웠다. 지하층에는 넉넉한 주차장과 취미실을, 옥상 휴게공간에는 오직 가족만을 위한 전용 가족실을 두었다.

특히 이 집의 백미는 모든 메인 공간에 외부와 연결된 전이공간이 있다는 점이다. 마당과 다이닝룸을 자연스레 이어주는 데크, 외부 시선은 차단하면서 풍경은 오롯이 누리는 각방 발코니, 지하층임에도 충분한 채광과 환기를 보장하는 썬큰 등은 집 안팎을 풍성하게 만들어주는 장치다.
한편, 집의 외장재는 건축주의 요청으로 자연재료인 현무암 벽돌을 적용했다. 자칫 지나치게 웅장한 느낌이 들지 않도록 박판 세라믹 패널과 적삼목을 포인트로 삼고, 지붕은 오션블루 색상의 징크를 택했다. 무엇보다 최상층에 해당하는 가족실에서 1층 거실까지 서서히 낮아지는 매스가 무게 균형을 잡아준다.

집에서 가장 좋아하는 공간이 네 식구 모두 다를 만큼 현재가 만족스럽다는 가족. 더 많은 이에게 보여주고 싶은 마음에 드나드는 손님들의 발길로 새집 문턱이 머지않아 닳을 기세다.

6

7

8

건물 측면의 긴장감을 정원의 곡선이 부드럽게 풀어준다

SECTION

①차고 ②기계실 ③창고 ④복도 ⑤취미실 ⑥현관 ⑦거실 ⑧욕실 ⑨게스트룸 ⑩서재 ⑪주방/식당 ⑫다용도실 ⑬침실 ⑭세탁실 ⑮드레스룸 ⑯가족실

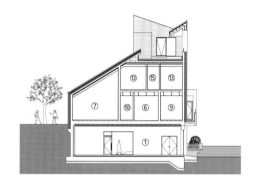

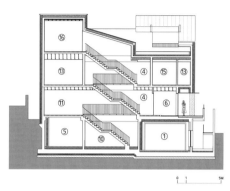

PLAN

2F - 94.01m²

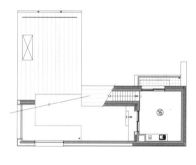

3F - 32.56m²

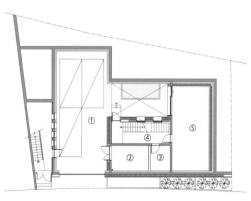

B1F - 151.40m²

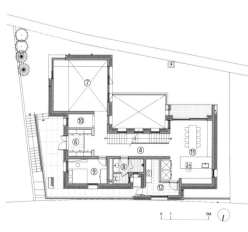

1F - 125.67m²

잘 쌓은 외장재만큼 잘 지은
철근콘크리트조, 쌓은집

이미 지어진
주택들 속에서도
드러나는 존재감.
잘 쌓은 외장재만큼이나
잘 지어진 집이다.

철근콘크리트조, 쌓은 집

기존에 살고 있는 아파트를 떠나 단독주택을 꿈꾸던 건축주. 그와의 상담을 통해 집을 지어야만 하는 여러 가지 사항에 대해 들을 수 있었다. 가족에게는 도심을 벗어나 자연과 접할 수 있는 주거 환경이 중요했고, 그러면서도 어느 정도 직장과의 접근성도 고려해야 했다. 특히 집이라는 성격에 맞게 프라이버시도 간과해서는 안 될 부분이었다. 그러한 이유로 그들이 선택한 집이 지어질 대지는 4면 중 1면만 도로와 접하고, 맞은편에는 주거지가 없는 주거단지의 경계 부분에 위치하고 있었다.

우선 요구면적을 충족하면서도 가족의 사생활과 남향 거실 공간을 생각해 전체적인 배치를 계획하였다. 가구의 구분과 지하층 공간의 활용을 고려하여 스킵플로어 방식의 단면 형태로 설계하고, 구조는 철근콘크리트로 정했다. 특히 심플하고 모던한 디자인을 추구하는 건축주의 취향에 맞춰 주재료는 한 가지로만 구성하고, 외장재는 사비석을 쌓는 방식을 택했다. 일반적으로 돌은 앵커로 매다는 방식을 주로 사용하는데, 조적처럼 쌓은 덕분에 여러 부분을 특별히 고민하여 해결해야 하는 과정들이 있었다. 반면 내부는 도장(塗裝)을 바탕으로, 금속과 가구의 목재를 적절하게 조절하여 마감하였다.

대지위치	건축면적	최고높이	에너지원
서울시	156.93㎡(47.47평)	8.56m	도시가스
대지면적	**연면적**	**구조**	
330㎡(99.82평)	329.13㎡(99.56평)	기초 – 철근콘크리트 매트기초 / 지상 – 철근콘크리트	
건물규모	**건폐율**	**단열재**	
지하 1층, 지상 2층	47.55%	압출법보온판 125㎜	
거주인원	**용적률**	**외부마감재**	
3명(부부 + 자녀 1) / 2명(어머니 + 동생)	88.54%	사비석	
	주차대수	**창호재**	
	3대	필로브 알루미늄 시스템창호	

④

⑤

❶ 외장재인 사비석의 질감이 잘
드러난 외관

❷ 마당에서 본 건물 모습.

❸ 선큰에서 본 하늘. 작은 중정을
통해 지하의 선큰 공간으로 빛과
바람이 닿는다.

❹ 심플하면서도 디테일이
드러나는 디자인을 선호한 건축주의
취향이 외관에 잘 나타난다.

❺ 최대한 남향으로 배치하기 위해
건물은 'ㄱ'자 배치를 택하였다. 내부
구성은 세 가족이 거주하는 공간과
건축주의 어머니와 동생이 거주하는
공간 등 2개의 영역으로 구분된다.
두 영역은 내부에서는 연결되지만,
현관을 따로 두어 독립적인 생활이
가능하도록 계획했다.

내부마감재
벽 – 친환경 수성페인트 / 바닥 – 합판마루,
포세린 타일

욕실 타일
수입 타일

수전 등 욕실기기
아메리칸스탠다드

계단재·난간
라인스톤 + 솔리드 난간

현관문
제작문

중문·방문
제작

전기·기계
건화설비

구조설계(내진)
최민태

사진
김창묵

시공
건축주 직영

설계
건축사사무소 공장
www.gjarch.com

전면의 자연을 드리우는 2층에 위치한
주방과 다이닝룸.

단독 · 전원주택 설계집 A2

철근콘크리트조, 쌓은집

외부에서는 단순한 2층의 건축물로 보이지만, 내부는 앞서 언급한 대로 지하에서부터
옥상까지 5개의 계단이 연결된 스킵플로어 방식으로 구성된다. 평지붕으로 자연스럽게
2층의 절반 부분은 가장 층고가 높은 공간이 나온다. 이 공간에 주방과 거실을
배치하였고, 방과 화장실은 독립적인 평면을 구성했다. 각각의 방은 채광과 조망을 염두에
두고 창의 크기와 방향에 신경 써 설계하였다. 또한, 외부 시선으로부터의 보호와 함께
구성원 간의 프라이버시도 고려하여 공간적 분리를 시도한 것이 일반적인 주택과는 또
다른 특징으로 꼽힌다.

집을 만들어가는 과정에서 가장 시간을 많이 할애한 부분은 건축주의 정확한 취향과
공간에 대한 인식을 조율하는 부분이었다. 공간에 대한 경험과 내외부 디자인에 대한
선택에 있어 건축가의 역량과 건축주의 개인적 취향이 항상 같지는 않다. 그런 부분에서
만족할 만한 수준의 결과물은 쉽지 않은 과정의 연속이다.
집이 지어지는 과정은 예측하지 못한 일이 많이 발생하지만, 이 집 역시 그 과정 속에서
적절한 대치와 타협을 거치며 큰 문제 없이 완성될 수 있었다. 〈글_정우석 건축가〉

10

11

12

❻ 나무 마감재로 내추럴한 분위기를 더하고, 주방 가구를 빌트인해 깔끔함을 강조했다.

❼ 큰 창을 통해 마당과 소통하는 1층 주방. 주방 옆 아치형 통로로 두 가구가 내부에서 이어진다.

❽ 2.5층에서 내려다본 주방과 거실. 스킵플로어의 수직적 연결이 잘 드러난다.

❾ 빛 좋은 곳에 자리한 1층 침실. 높은 천장고와 창으로 답답함을 해소하고, 침대 헤드 주변을 모두 수납장으로 제작해 물건 보관에 불편함이 없도록 했다.

❿ 2층의 방과 연결된 거실 공간. 스킵플로어 구조로, 독특한 실내 뷰와 공간감을 즐길 수 있다.

⓫ 1층 홀. 현관과 연결된 곳으로, 다른 실로 이어지는 전이공간이 되어준다.

⓬ 기능에 따라 구분된 2층 건식 욕실

⓭ 둥근 모서리의 외부 벽 형태가 반영된 2층 침실

13

맞은편 산을 향해 자리 잡은 집의 전경.

SECTION

① 선큰가든 ② 창고 ③ 현관 ④ 홀 ⑤ 방 ⑥ 거실 ⑦ 주방 ⑧ 욕실
⑨ 세탁실 ⑩ 마당 ⑪ 주차장 ⑫ 서재 ⑬ 복도 ⑭ 계단실

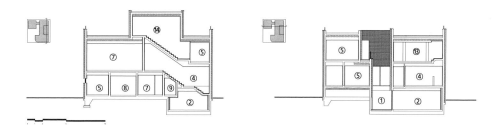

PLAN

2F - 143.19m²

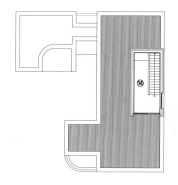

ROOF

B1F - 36.96m²

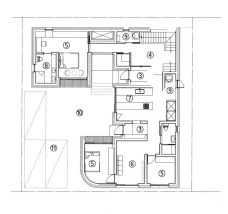

1F - 148.98m²

녹음을 품어 안은 집
포림재[抱林齋]

3代에 걸친 일곱 식구가
한 채의 집을 지어
새로운 일상을 시작했다.
키 큰 소나무가
자리 잡은 중정과
푸르른 옥상 정원이 있는
벽돌집이다.

단독 · 전원주택 설계집 A2

포림재[抱林齋]

대가족의 아늑한 'ㅁ'자형 중정 주택

서울 그린벨트 지역 인근에 조성된 마을, 낡은 구옥이 허물어지고 붉은 벽돌집 한 채가 새로 들어섰다. 세 자녀를 둔 건축주 부부와 그 부모님까지 총 7명 대식구가 사는 집이다. 이들에게 'ㅁ'자 중정 주택을 제안한 건 설계 디자인을 맡은 홈스타일토토 임병훈 소장. 코너에 있는 대지는 남쪽과 서쪽이 탁 트여 있고 도로와 접한 북쪽과 동쪽 지대가 상대적으로 높아서, 마당을 감싸는 형태의 집이 자연스러운 야외 공간 구성과 프라이버시 확보에 적합하겠다 판단했다고. 건축주 가족은 처음엔 집의 볼륨이 너무 크게 느껴져 망설였지만, 외부 시선을 적절히 차단하고 실내에서도 언제든 자연을 느낄 수 있다는 점에 매력을 느껴 제안을 흔쾌히 받아들였다. 다만 요구되는 조경면적 확보가 쉽지 않았는데, 지역 특성상 일정 기준 이상의 생태면적률까지 충족시켜야 하는 것이 관건이었다. 자칫 주택 디자인 방향을 틀어야 하는 상황이기도 했으나, 건축주 가족이 요청한 옥상 정원에 데크 대신 흙과 조경으로 녹지를 조성하여 해결했다.

❶ 바깥과 달리 안쪽 외벽은 화이트 벽돌로 마감했다. 규격이 같은 벽돌을 사용하고 줄눈색의 차이가 크지 않게 해, 재료 분리 지점이 어색하지 않도록 신경 썼다.

❷ 하늘에서 내려다본 주택 전경. 마당을 중심으로 둘러싸인 집의 형태가 그대로 드러난다. 빈티지 적벽돌이 따스함을 더하는 주택 외관. 중정을 둘러싼 구조로, 밖에서 보면 더욱 웅장하게 느껴진다.

❸ 도로변에서 바라본 주택 정면. 프라이버시를 위해 창을 최소화했다.

❹ 대문이 열리면 비밀스러운 중정이 나타난다.

대지위치 서울시	**연면적** 296.84㎡(89.79평)	**최고높이** 8.95m	**담장재** 개비온
대지면적 330㎡(99.83평)	**건폐율** 56.94%	**구조** 기초 – 철근콘크리트 줄기초 / 지상 – 철근콘크리트	**창호재** 살라만더 46mm 로이3중유리
건물규모 지상 2층	**용적률** 83.95%(차고 면적 제외)	**단열재** 50mm 준불연 열반사단열재	**열회수환기장치** 삼성
건축면적 187.89㎡(56.84평)	**주차대수** 2대	**외부마감재** 벽돌, POS-MAC 강판	**에너지원** 도시가스

내부마감재
벽 – 벤자민무어, 삼화페인트 / 바닥 – 1층 : 무광
비앙코 타일(오이스터트레이딩), 2층 :
강마루(구정마루)

욕실 및 주방 타일
오이스터트레이딩

수전 등 욕실기기
대림바스, TOTO

주방 가구·붙박이장
리바트

조명
공간조명, 룩스몰, 루체테

계단재·난간
티크 집성목 + 단조 난간

현관문
성우스타게이트

중문
갈바 제작 위 도장

방문
우딘도어

데크재
미네랄 데크

구조설계
금나구조

사진
변종석

인허가·법정감리
TOTO건축사사무소

시공
건축주 직영

디자인
홈스타일토토
www.homestyletoto.com

자연스럽게 열리고 닫힌 세대 구분

대가족이 살 집이라 세대 간, 가족 간 프라이버시 보장도 중요한 과제였다.
계단을 오르내리기 힘든 점을 고려하여 1층에 부모님의 주생활 공간을 두고,
건축주 부부와 세 자녀의 개인 공간은 2층에 배치해 세대를 구분했다. 옥상
정원이 있는 2층은 면적이 상대적으로 작아질 수밖에 없어, 1층에서 넓은 거실과
주방, 식당 겸 응접실을 공유하도록 하고 아이들이 책 읽고 공부할 수 있는
서재를 따로 마련해 보완했다. 이는 가족 구성원 전체가 자연스럽게 분리되고
섞일 수 있도록 해주는 열린 공간이자 일종의 커뮤니티 공간의 성격도 띤다.
특히 계단실 옆 오픈 서재는 경사진 지형을 살려 반층 다운시켰는데, 덕분에
답답하지 않으면서도 자연스럽게 공간이 분리되는 효과를 누릴 수 있다. 임
소장은 "집중력 향상을 위해 완전히 폐쇄적인 서재도 고려되었으나, 고도의
집중이 필요한 개인 공부는 각자의 방에서 하는 게 더 적합하다고 생각했다"고
덧붙인다. 푸른 잔디와 꽃나무가 있는 옥상 정원을 온전히 누릴 수 있는 2층에는
편의를 위해 주방을 따로 두었다. 이곳은 자녀 세대의 거실 겸 가족실이 되기도
하는데, 출입 가능한 전면창이 옥상 정원과 하늘을 집 안으로 가득 들인다.
아이들 방은 긴 복도를 따라 일렬로 배치했으며, 가장 안쪽 드레스룸을 통과하면
나오는 내밀한 곳에 정원과 연결되는 부부침실이 자리한다.

울퉁불퉁한 돌섬 질환에는 중장에서부터 올라온 소나무가 조개감을 발휘하며 가족만이 오롯하게 누릴 수 있는 또 하나의 마당이다.

집 안 곳곳에서 초록을 마주하는 삶

대문을 열고 들어서면 빈티지 적벽돌로 마감한 바깥과 달리 화이트 벽돌 외벽을 두른
마당이 나타난다. 집 안에서 중정을 바라보았을 때 환한 느낌이 들길 원했던 건축주의
바람이 담긴 부분이다. 안팎의 공간 흐름이 자연스럽게 이어지는 집은 햇살 가득한
중정으로 실내에 자연광을 고루 들인다. 임 소장은 "중정형 주택은 공사비 상승과 동선이
길어지는 단점이 있지만, 그만큼 공간 자체에서 얻는 만족도가 크다"며 "도심 속 자연을
곁에 둔 삶을 꿈꾼다면 여건이 허락하는 한, 꼭 권하고 싶은 주택 디자인"이라고 전했다.
집을 짓기 전, 주택 전면의 부지도 함께 매입한 건축주 가족은 텃밭이 있는 앞마당을
조금씩 꾸려가고 있다. 중정, 옥상 정원에 앞마당까지, 녹음을 품고 또 녹음에 감싸인 집.
포림재(抱林齋)는 사계절 다른 풍경으로 가족의 삶에 생기를 불어넣고 있다.

❺❽ 1층 계단실 옆 마련한 오픈 서재. 단차를 두어 외부
시선을 적절히 차단했다.

❻ 마당이 한눈에 들어오는 1층 거실은 주방, 응접실과
하나로 연결된다.

❼ 대가족의 집인 만큼 널찍하고 수납력 좋은 현관.

❾ 옥상 정원과 연결된 2층 주방 및 가족실. 높은
박공지붕 선을 드러낸 공간은 채광이 좋다.

❿ 2층에는 긴 복도를 따라 아이방을 두었다. 막다른
코너를 돌면 드레스룸을 지나 부부침실이 나타난다.

⓫⓬ 가장 안쪽에 자리한 부부침실. 부부침실에도
출입문을 내어 옥상 정원을 바로 드나들 수 있다.

⓭ 창가에서 바라본 2층 주방. 에너지 효율과 세대 간
프라이버시를 고려해 계단실에는 미닫이문을 달았다.

앞마당 너머 바라본 주택의 창 너머로 저녁 식사를 준비하는 가족의 행복한 모습이 담긴다.

SECTION

①차고 ②주차장 ③현관 ④창고 ⑤화장실 ⑥서재 ⑦거실 ⑧주방
⑨응접실 ⑩다용도실 ⑪침실 ⑫드레스룸 ⑬보일러실 ⑭옥상 정원

PLAN

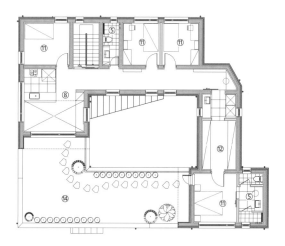

2F - 123.96m²

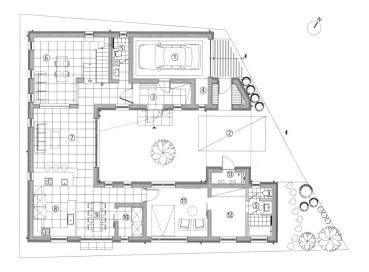

1F - 172.88m²

삼대가 사는 집 두 채가 나란히
꼬떼아꼬떼[CÔTE À CÔTE]

비슷비슷한 주택들 사이,
박판세라믹 외장으로
눈길을 끄는 두 채의 집.
나란한 대지에 함께 지은
부모님 댁과 아들 가족의
집이 따로 또 같이, 하나의
마당을 공유하며 즐거운
일상을 꾸려간다.

오래된 단독주택에 모여 살던 삼대(三代)가 인접한 두 필지에
나란히 집을 지었다. 닮은 듯 다른 듯한 두 건물은 하나의 마당을
사이에 두고 마주한다. 한 채에는 건축주의 부모님이, 다른 한
채에는 아들인 건축주의 4인 가족이 살고 있다.
"가족의 애정 어린 마음을 '서로 바라봄'이라는 따뜻함으로
풀어보고자 했습니다. 대가족이 한 건물에 오밀조밀 부대끼며 사는
맛도 있지만, 이렇게 널찍한 마당을 품고 적절한 거리를 유지하며
살아가는 것 또한 배려가 아닐까 생각했죠."
경기도 화성의 어느 택지지구. 디플러스 건축연구소 정기웅 대표는

처음에 하나의 필지에 삼대가 사는 집의 건축을 의뢰받았다.
용적률을 최대로 끌어올려 정원의 크기가 너무 작아진 것이 못내
아쉽던 차. 마침 바로 옆 필지가 매물로 나왔고, 정 대표는
건축주에게 이 대지를 구매하는 것이 어떨지 조심스레 제안했다.
그렇게 기존의 설계는 전면 백지화되고 두 개의 필지, 두 채의 집이
하나로 구성되는 '꼬떼아꼬떼(côte à côte/CTACT)'의 설계가
새롭게 시작되었다. 단순미가 돋보이는 매스의 조합을 기본으로,
벽체 자체가 담장이 되는 외관 디자인이 눈길을 끈다. 주변 집들은
대부분 벽돌과 컬러강판의 외장을 하고 있었는데, 꼬떼아꼬떼는

대지위치
경기도 화성시

대지면적
PARENTS – 348.11㎡(105.30평) /
SON'S FAMILY – 353.14㎡(106.83평)

건물규모
지상 2층

거주인원
PARENTS – 2인(부부) / SON'S FAMILY
– 4인(부부 + 아들 2)

건축면적
PARENTS – 131.12㎡(39.66평) / SON'S FAMILY
– 156㎡(47.19평)

연면적
PARENTS – 158.18㎡(47.85평) / SON'S FAMILY
– 195.71㎡(59.20평)

건폐율
PARENTS – 37.66% / SON'S FAMILY – 44.18%

용적률
PARENTS – 45.43% / SON'S FAMILY – 55.42%

주차대수
각 1대

최고높이
14.12m

구조
기초 – 철근콘크리트 매트기초 / 지상 –
경량목구조(외벽 : 2×6 구조목 + 내벽 S.P.F 구조목,
지붕 : 2×10 구조목)

단열재
그라스울 + 스카이텍 8mm, 비드법단열재 1종2호

❶ 아들 가족의 집 데크에서 바라본 부모님 댁의 모습. 마당을 두고 마주 보는 배치 덕분에 마치 중정을 품은 한 채의 집처럼 느껴진다.

❷ 벽돌로 마감한 매스가 단조로움을 덜어내는 아들 가족의 집.

❸ 헬스장이 있는 매스가 일종의 담장이 되어 프라이빗한 현관부를 만들어준다.

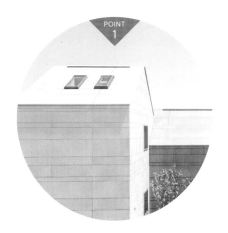

POINT 1 - 박판세라믹 외장재

외부 벽체부터 지붕까지 박판세라믹 타일을 시공했다. 박판세라믹은 불연성과 내구성의 탁월함이 입증된 자재로, 가격은 비싸지만 변형과 오염으로부터 자유로운 장점이 있다.

POINT 2 - 개인 헬스장

아들 가족의 집에는 운동을 좋아하는 안주인을 위해 별개의 매스를 두어 개인 헬스장을 만들었다. 이 매스는 안방 등의 사적 영역에 외부 시선이 닿지 않도록 적절히 가려주는 역할도 한다.

POINT 3 - 오픈된 PC룸

아들 가족 집의 1층 현관 옆, PC룸을 따로 마련해 주었다. 부모의 시선이 항상 닿을 수 있도록 개방된 구조로 만든 것이 특징. 이곳에서 아이들은 신나게 게임을 즐기고 온라인 수업을 듣기도 한다.

외부마감재
PARENTS – 외벽·지붕 : 라미남 박판세라믹 타일 / SON'S FAMILY – 외벽 : 라미남 박판세라믹 타일, 스페인산 벽돌 + 발수 코팅, 지붕 : 라미남 박판세라믹 타일

창호재
이건 알루미늄 시스템창호 ESS 240 PS, ESS165 LS, EWS70TT(공통) / VELUX 하늘창(Parents)

조경석
화강석, 마천석, 굵은 마사

내부마감재
Parents – 벽·천장 : LX하우시스 실크벽지, 원목(오동나무, 자작나무), 바닥 : 노바원목마루 / Son's family – 벽·천장 : LX하우시스 실크벽지, 파벽 타일, 박판세라믹(상아타일 수입), 원목(오동나무), 바닥 : 로얄앤바스타일(수입), 노바원목마루

욕실 및 주방 타일
로얄앤바스 수입타일

수전 등 욕실기기
아메리칸스탠다드

주방가구
라르마(L'RMA)

조명
모노조명(샹들리에), 공간조명, IKEA

계단재
화이트 오크원목

현관문
샨코도어

중문
PARENTS – YKK 중문 / SON'S FAMILY – 이건라움 INTER-S 3연동도어

방문
YKK 도어

데크재
이페 20mm 데크재, 화강석

사진
변종석

조경
얼라이브어스

설계·시공
디플러스 건축연구소(DPEP/dplus)
www.instagram.com/dplus_lab

하나로 넓게 이어진 거실과 주방, 식당 위에 또 하나의 다락이 있다. 목재로 마감한 천장과 노출된 구조재가 내추럴한 느낌이다.

단독 · 전원주택 설계집 A2

꼬떼아꼬떼[CÔTE À CÔTE]

❹ 부모님 댁에는 할아버지 댁을 찾은 손주들이나 다른 손님을 위한 2개의 다락이 있다. 그중 비밀 테라스가 딸린 다락방이다.

❺ 정원을 향해 크게 열린 거실은 부모님의 특별 요청사항. 사계절이 담긴 마당을 감상할 수 있도록 전면 창을 내었다.

❻ 다락 아래 있는 손님용 욕실.

❼ 현관 옆 복도 벽면에는 벤치가 있는 수납 가구를 짜 넣었다. 벤치에 앉으면 창 너머로 마당이 바라보인다.

❽ 바닥 높이 차이와 간살 파티션으로 영역을 구분한 안방 드레스룸.

❾ 단을 높여 좌식으로 구성한 부모님 댁 안방. 오브제가 된 펜던트 조명과 목재 마감이 어우러져 예스러운 분위기를 물씬 풍긴다.

❿ 거실에서 바라본 주방 및 식당. 사선이 강조된 천장 디자인이 다이내믹하다.

필지의 지구단위지침에 근거하되 조금 색다른 자재를 선택했다. 벽체와 지붕 모두 박판세라믹 타일로 마감한 것. 코로나 시국과 맞물려 자재 수급이 순조롭지 않았고 손이 더 가는 시공 과정도 쉽지 않았지만, 박판세라믹을 두른 집은 매스의 선을 한층 더 강조하며 고급스러운 모습으로 완성되었다. 회색과 흰색을 각 집의 메인과 포인트 컬러로 교차 사용해 다름을 표현하고, 아들 가족의 집은 2개의 작은 매스를 벽돌로 마감해 질감의 차이를 주었다. 각 구성원의 삶과 취향을 반영한 내부로 들어가면 두 집의 구조와 분위기가 확연히 다르다. 연로하신 부모님 댁은 주생활 공간을 1층에 구성하고 2층에 다락 공간을 두어 다른 가족들이나 손님이 왔을 때 사용할 수 있게 했다. 인테리어는 나무 소재와 화이트

컬러를 메인으로 하여 내추럴하고 편안한 공간을 연출했다. 반면, 젊은 부부와 초등학생 아들 둘로 구성된 아들 가족의 집은 세련되고 모던한 인테리어를 보여준다. 1층은 거실과 주방, 헬스장, PC룸 등 라이프스타일이 잘 담긴 공용 공간을 배치하고, 2층에 안방과 아이방을 두어 사적 공간으로 구성했다.
제아무리 훌륭한 설계와 멋진 마감재, 빈틈없는 시공이 있다 한들 그 안에 사는 이들의 이야기가 없다면 무슨 의미가 있을까. 복작복작 부대끼며 살아왔던 옛집의 추억을, 가족은 이곳에서 새롭게 하루하루 써 내려간다. 집에 붙여진 그 이름처럼 나란히, 나란히(côte à côte).

11
12

13

14
15

SECTION

① 현관 ② 거실 ③ 주방/식당 ④ 다용도실 ⑤ 안방 ⑥ 욕실
⑦ 드레스룸 ⑧ 아이방 ⑨ 테라스 ⑩ PC룸 ⑪ 헬스장 ⑫ 다락

PLAN

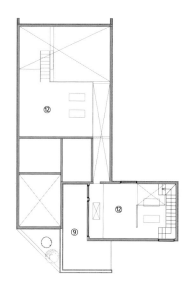

PARENTS 2F - 21.06m²

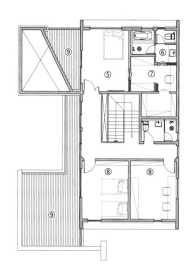

SON'S FAMILY 2F - 81.36m²

❶ 1층 계단실 옆 복도를 따라 PC룸,
손님용 욕실, 다용도실이 자리한다.

❷ 높은 천장과 샹들리에, 세라믹
아트월이 모던한 거실.

❸ 고급스럽고 세련된 주방은 안주인의
요청으로 특별히 힘준 공간이다.

❹ 높이를 달리 한 천장이 풍부한
공간감을 더해주는 아들 내외의 안방.

❺ 2층에 나란히 배치한 두 아이의 방은
제작 가구로 똑같이 꾸며 주었다.

PARENTS 1F - 131.12m²

SON'S FAMILY 1F - 114.35m²

단독 · 전원주택 설계집 A2

꼬떼아꼬떼 [CÔTE À CÔTE]

햇살의 온기를 머금는 대가족의 집
남양주 트인 집

천마산 자락 높은 땅에
햇살과 자연을 향해
활짝 트인 집이 있다.
이곳에서 일곱 식구의
마음도 환하게
트여간다.

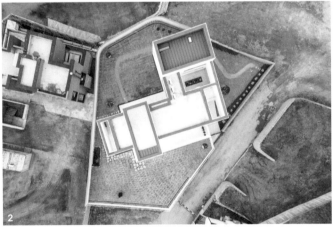

"우리 집은 휴양지 리조트 같았으면 좋겠어요."
건축주의 바람이었다. 건축주 가족은 부부와 올해 대학생부터
초등학교에 다니는 아이까지 다섯 남매, 고양이 3마리로 요즘 보기
드문 대가족이다. 건축주는 코로나가 맞물리면서 아파트 거주를
힘들어했다. 기존에 살던 아파트도 작은 규모라고 할 수 없지만,
가족들의 삶이 기능적으로 파편화되면서 피로도가 높아졌고
가족들만의 온전한 보금자리의 필요성이 절실했다. 공동주택에서
살다 보면 합리적인 조합이 만드는 삶 속에 격리되어
일사불란하게 움직이지 않으면 흐트러지기 십상이다. 그래서
우리는 여유를 찾기 위해 집을 벗어나 여행을 즐긴다.

대지위치	연면적	구조	창호재
경기도 남양주시	364.72㎡(110.32평)	기초 - 철근콘크리트 매트기초 / 지상 - 철근콘크리트	필로브 3중유리 시스템창호
대지면적	건폐율		열회수환기장치
857㎡(259.24평)	19.72%	단열재	경동나비엔
건물규모	용적률	경질우레탄 보온판 2종2호, 준불연 비드법보온판 2종1호	에너지원
지상 2층 + 다락, 지하 1층	32.64%		도시가스
거주인원	주차대수	외부마감재	
7명(부부, 자녀5)	3대	STO 외단열시스템 (기린건장), 규화처리 삼나무	
건축면적	최고높이	담장재	
169.01㎡(51.12평)	9.10m	게비온 돌담장, 시멘트사이딩 건식담장	

건축주가 리조트 같은 집을 바랐던 것도 같은 이유에서일 것이다. 일상에서 여유를 갖고 쉴 수 있는 집을 만드는 것을 목표로 세웠다.

주택이 자리한 대지는 남양주 천마산 자락을 깎아 만든, 일대에서 가장 높은 땅이다. 처음 땅을 살피러 갔을 때 토목공사가 미완인 상태로 방치된 채 토석이 쌓여 있었다. 대지가 도로보다 어설픈 높이로 조성된 상태여서 쌓여 있던 보강토 옹벽을 철거하고 지하 주차장과 콘크리트 옹벽을 제안했다. 집이 놓일 땅의 높이를 더 올려서 대지를 조성하고 집으로 드나드는 넓은 계단과 구릉을 조성하여 식재가 길에서도 노출될 수 있도록 하였다.

가족관계의 밀도가 높았던 아파트 공간에는 비집고 들어갈 틈을 찾기가 어려웠다. 집이 공간적인 관계로 이뤄진 물리적 형태라면 가족관계의 심리적 긴장감 역시 집에 담긴다. 이완된 공간은 긴장된 정신이나 분위기를 풀어주는 틈새를 만들고 자연 요소와 접점을 넓히며 시간의 변화를 느끼게 한다. 가족들의 침실은 병렬된 구조나 합리적인 면적에 맞춰 배열하기보다는 위계에 따라 조망, 햇빛, 공간감을 우선해 배열했다. 이로써 벽 구조로 막힌 집이 아닌 탁 트인 구조로, 1층 거실은 외부 공간인 마당과 하나로 통하여 자연 속에 머물게 된다.

자연과 격리되지 않고 공존하는 집을 만들기 위해 다양한 성격의 외부 공간을 만들었다. 열린 조망이 가능한 각도를 찾고 대지 경계와 공간적인 틈을 만들 수 있도록 집을 틀어 이웃하는 집들과 어색한 대면을 피할 수 있도록 했다. 벽이나 담장을 두르는 직접적인 방법보다는 유연하게 공간적인 관계를 만들어 프라이버시를 확보했다. 시선이 열리는 방향으로 탁 트인 조망이 가능하게끔 땅을 돋우고 벌어진 틈으로 자연이 스며들도록 땅의 모양을 살렸다.

❶ 지하 1층에 주차장을 배치하고 출입 동선과 서로 긴섭이 없도록 했다. 현관 옆에는 구릉을 조성해 식재가 길에서도 노출될 수 있도록 하였다.

❷ 위에서 바라본 주택 모습.

❸ 매스감이 두드러지는 주택 측면. 방향에 따라 색다른 모습을 드러낸다.

내부마감재
벽·천장 – 친환경 수성페인트 / 바닥 – 포세린
타일, 원목마루

욕실 및 주방 타일
키엔세라 포세린 타일

수전 등 욕실기기
아메리칸스탠다드, 더존테크

주방 가구
리바트가구

주방가전
밀레

주방후드
팔맥

조명
라이탄, 바리솔

계단재·난간
화이트오크 원목 계단재, 유리난간

전기
㈜천일엠이씨

기계설비
㈜한빛안전기술단

구조설계(내진)
델타구조

사진
천영택

시공
춘건축

설계·감리
㈜투닷건축사사무소
https://todot.kr

양옆에 전창을 내 자연광을 한껏 즐길 수
있는 거실. 창을 통해 내외부의 경계가
흐릿해지며 안락한 느낌이 더해진다.

남양주 트인 집 ──── 단독 · 전원주택 설계집 A2

본디 이 지역은 수목이 울창하였다고 한다. 편안하고 따스한 느낌을 외관에 담고 싶어 했던 건축주의 바람을 목재로 표현했다. 각재가 부착되는 면에 깊이를 만들고 음영이 주는 변화로 가벼운 볼륨을 만들었다. 볼륨감 있는 2층은 1층에서 분리된 듯 떠 있는 집처럼 보인다. 다만 목재는 습기에 약하고 계절의 변화가 뚜렷한 기후에서는 유지관리가 어렵다는 단점이 있다. 이를 보완하기 위해 목재에 규화제를 입혀 처리했다. 시간이 지나면서 나무도 나이를 먹듯 서서히 차분해지고 단단해진다.

지하 1층에는 주차장을 배치해 출입 동선과 서로 간섭이 없도록 연결했다. 계단으로 현관에 들어서면 파티오를 지나 자녀들의 침실이 보인다. 자녀들의 침실은 파티오와 더불어 아늑한 공간감을 제공한다. 지상 1층에는 거실, 다이닝과 주방이 통합되어 복층의 공간을 갖는다. 시선이 마당 레벨에 가깝도록 선큰 거실을 제안했다. 안락한 느낌이 더해지고 시원한 거실 창으로 내외부의 경계가 흐릿해진다. 2층에는 가족 구성원들의 취향대로 침실이 제각각 배치되어 있다. 화이트와 무채색 톤의 공용 공간과 자연스러운 우드와 화이트 톤의 침실 공간이 가볍게 마감 처리된 계단으로 연결된다. 취미실이 딸린 안방, 나선형 계단이 적용된 방, 중정이 보이는 방, 천창이 뚫린 다락방 등 방마다 변주를 줘 다채로운 공간을 완성했다. 마감의 완성도와 비용을 두고 균형 잡힌 판단을 위해 건축주와 함께 끝까지 고민해 완성한 남양주 '트인 집'이다.

❹ 1층 공용 공간과 2층 침실들을 이어주는 계단실.

❺ 시선이 마당 레벨과 맞닿는 복층 구조의 거실. 거실 층고가 높아 시원한 느낌을 준다.

❻ '트인 집'이라는 이름답게 거실, 주방, 다이닝 공간이 하나로 이어지며 트여 있다.

❼ 중정이 내다보이는 1층 자녀 방.

❽ 안방은 취미실을 포함해 널찍하게 조성했다.

❾ 회전 계단을 적용한 2층 자녀 방. 복층 구조로 설계해 마치 '집 안의 집'과 같은 느낌을 줘 공간 활용도를 높였다.

❿ 다락방엔 환기에 용이한 천창을 냈다. 천창을 통해 낮엔 햇살이, 밤엔 별빛이 흘러든다.

주택 2층의 볼륨은 1층에서 분리된 듯 떠 있는 구조로 보이기도 한다.

SECTION

PLAN

ATTIC - 14.96m²

2F - 119.38m²

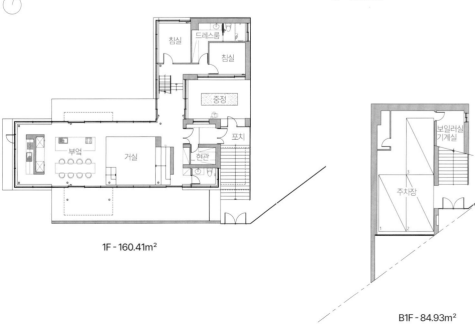

1F - 160.41m²

B1F - 84.93m²

가족에게 꼭 맞춘 디테일로 완성한 집
WITH GREAT DETAIL

가족의 첫 집을 위해
오랜 시간 고민하고 연구했다.
두 아이와 부부의
라이프스타일 하나하나를
고려해 디테일이 살아있는
집을 완성했다.

1

❶ 다양한 창이 돋보이는 중정 공간. 한편에 흙과 식물 공간을 조성해 정원을 더욱 풍성하게 만들었다.

❷ 현관으로 들어서면 정사각형의 액자식 창으로 중정이 보인다. 복도를 따라 설치된 창이 갤러리를 연상시킨다.

❸ 아이들을 위한 벽 책장과 윈도우 시트가 있는 복도. 공간을 분리하고 색다른 공간감을 조성하기 위해 바닥의 높이를 높이고, 원목을 사용해 차별점을 주었다.

❹ 건축주가 가장 좋아하는 공간 중 하나인 주방. 그레이, 베이지, 화이트 톤으로 맞춘 주방에는 충분한 수납 공간을 두어 항상 정돈된 상태를 유지할 수 있다.

대지위치	연면적	구조	창호재
경상남도 김해시	212.83㎡(64.38평)	기초 – 철근콘크리트 매트기초 / 지상 – 경량목구조 2×6 구조목 / 지붕 – 2×8 구조목 / 장선 – 2x12 구조목	융기창호 82㎜ 시스템창호(에너지등급 2등급) 등
대지면적	건폐율		철물하드웨어
250㎡(75.63평)	50.87%	단열재	조이스트헹어, 조인트플레이트, 홀다운, 레프터타이, 브레이스 스트렙타이
건물규모	용적률	바닥 – 110T 나등급 1종3호 + 2종1호 가등급 50T / 벽 – 에너지세이버(25K) R23-15" / 천장, 지붕 – 에너지세이버(25K) R37-15"	
지상 2층	79.61%		에너지원
거주인원	주차대수		도시가스
4명(부부 + 자녀 2)	1대	외부마감재	
건축면적	최고높이	벽 – 30T EPS + 메쉬 미장 + 적고스무스벽돌 / 지붕 – 컬러강판	조경석
127.17㎡(38.47평)	8.7m		화산석, 메주석 등

평생 주택에서 살아온 아내와 주택 생활을 해 본 적 없는
건축학도 남편이 처음 집을 짓기로 했다. 소음이 잦고
아이들이 마음껏 뛰어놀지 못하는 아파트를 벗어나고
싶었다. 가족에게 딱 맞는, 특히 아이들이 행복하게 살 수
있는 집을 짓기 위해 6개월 이상 공부하고 설계를
완성해가는 단계를 거쳤다. 오랜 시간 수정을 한 끝에
마당을 가지면서 동시에 프라이버시까지 지키는 중정 품은
ㅁ자 집을 완성했다.

건축주 부부는 라이프 스타일에 맞는 디테일을 오랜 시간
고민해 볼 것을 강조했다. 이를 증명하듯 집 안 곳곳에는
작은 부분까지 고민한 흔적들이 가득했다. 건축박람회에서
만난 시공사 '21세기 제우스건축'은 건축주와 활발한 소통을
통해 원하는 디테일을 최대한 살릴 수 있게 도왔다. 어느
정도 완성된 설계안을 가지고 있었던 건축주 부부의 취향을
적극 반영하면서도 더 나은 방법을 제시해 완성도를
높였다. 부부가 공들인 디테일의 첫 번째 주인공은 두
아이다. 중정 아이디어는 중정을 둘러싼 복도를 빙글빙글
뛰어다닐 아이들을 위한 것이기도 했다. 바깥 도로쪽의
복도에는 벽 책장과 윈도우 시트를 제작해 지나다니며
자연스럽게 책을 읽을 수 있는 공간을 조성했다. 아이들은
눈을 뜨면 중정 안 식물에 물을 주고 작은 연못을 관찰하며
뛰어놀곤 한다. 아파트 생활에서는 볼 수 없었던 행복한
장면이다.

내부마감재
벽 – LX하우시스 베스띠 실크벽지 / 바닥 –
포세린 타일, 구정 마루, 예림 강화마루

욕실·주방타일
선우타일, 수입 타일

수전·욕실기기
아메리칸스탠다드 등

주방가구
키친앤코, 한샘

붙박이장·거실·아이방 가구
우스디자인

조명
MK통상

계단재·난간
에쉬 + 화이트 평철난간

현관문
성우스타게이트

중문
제작주문(금속자재 + 도장마감 + 투명유리)

방문
예림 히든도어

데크재
이원우드 방킬라이 19mm

조경
구석

사진
변종석

감리
승도건축사사무소

설계, 시공
㈜21세기제우스건설
www.21c-zeus.com

1층의 거실 공간. 주방까지 연결돼 있어
답답하지 않고, 중정을 향해 크게 설치된
창이 거실 공간을 한층 확장시킨다.

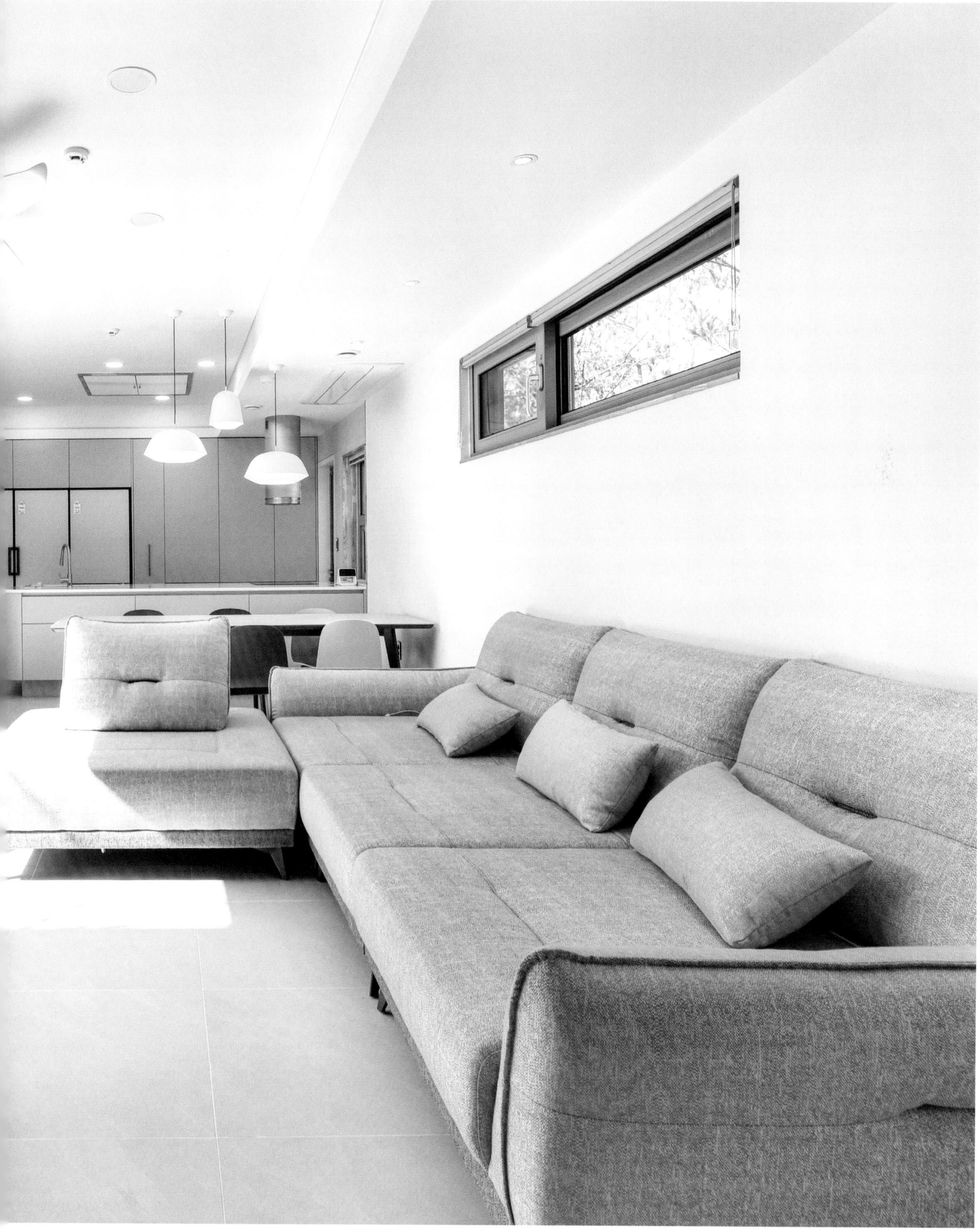

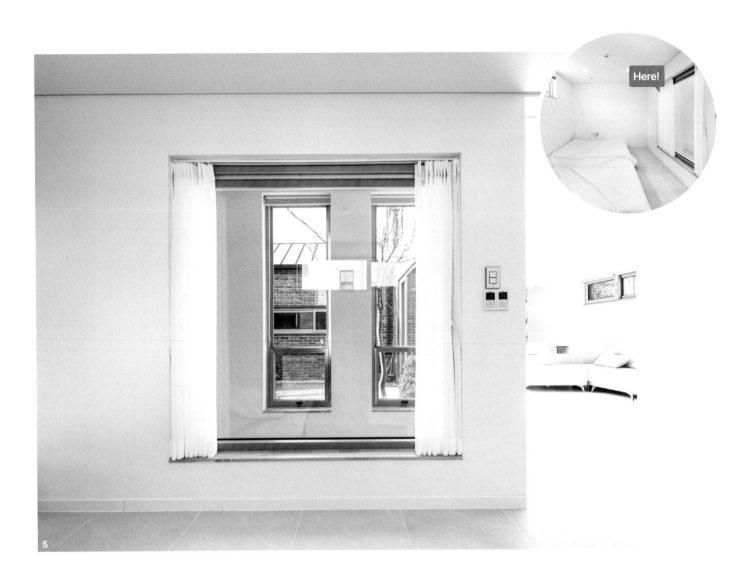

Here!

5

POINT 1 - **책장 뒤 비밀 공간**

수납용으로 사용하기 위해 만든 비밀 공간.
책장으로 문을 만들어보고자 여러 가지 구상
끝에 탄생했다. 지금은 건축주의 공부를 위한
서재로 변신해가고 있다.

POINT 2 - **중정 안 평상**

집에 한국적인 요소를 추가하면서 가족들이
함께 중정을 즐길 수 있도록 만든 평상. 지붕
처마와 잘 어우러진다. 벽 책장이 있는 복도와
높이를 맞춰 복도가 넓어보이는 효과도
주었다.

POINT 3 - **아이들을 위한 이동 통로**

아이들이 집에서 많은 추억을 쌓을 수 있도록
만든 놀이 공간 속 이동 통로. 다락방으로
이어지며 다락방은 게스트룸으로 연결된다.
맞춤 제작으로 아이들이 안전하게 이용할 수
있도록 했다.

2층에는 오롯이 아이들만을 위한 방과 다락이 있다. 지금은 한 공간으로 트여 있지만 아이들이 자라면 다시 분리할 수 있도록 설계했다. 아이들방에서 계단을 타고 올라가면 문을 통해 다락으로 연결되는 구성이 흥미롭다. 제작 미끄럼틀과 그네, 계단 통행로 등으로 꾸며진 방에서 아이들의 동심이 더욱 빛이 날 것만 같다. 디테일의 두 번째 주인공은 창이다. 채광을 확보해 집안 가득 밝은 분위기를 담고 싶었다. 일반적인 경우보다 창호의 수가 두 배로 들어간 집은 입구에서부터 중정을 배경으로 갤러리에 온 듯한 분위기를 자아낸다. 다양한 크기와 모양의 창이 서있는 곳마다 다른 풍경을 품을 수 있도록 해준다. 첫 집을 완성하고 건축에 대한 열정에 다시 불이 붙었다는 건축주. 사람들의 라이프스타일에 꼭 맞춰 완성될 집들이 기대된다.

❺ 1층 부부 침실에서 바라본 중정. 큰 창을 통해 누워 있을 때 하늘의 풍경을 한껏 바라볼 수 있도록 계획했다.

❻ 아이들을 위한 아늑한 다락 공간. 2층의 아이들방과 연결되는 문이 있다.

❼❾ 2층의 아이들 방. 맞춤 제작으로 만든 놀이 공간이 흥미롭다. 아이들이 크면 하나로 연결된 방을 분리할 수 있도록 만들었다.

❽ 2층의 게스트룸에서는 주택 뒤쪽에 위치한 공원과 아름다운 나무의 풍경을 즐길 수 있다.

2층으로 올라가는 계단실. 계단실 벽 뒤쪽에는 다도실을 꾸몄다. 싱크대가 설치된 공간은 아이들의 그림 연습 공간으로도 활용된다.

SECTION

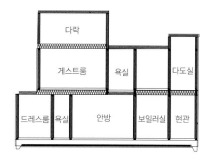

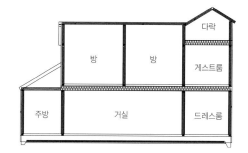

PLAN

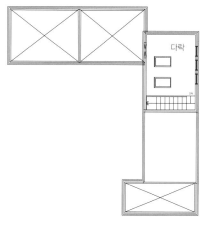

ATTIC - 13.89m²

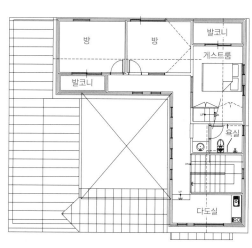

2F - 71.77m²

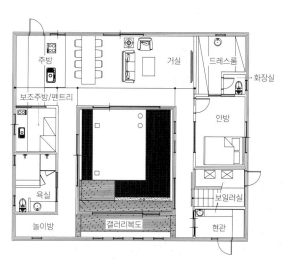

1F - 127.17m²

단순하지만 완벽한 집
412 하우스

특별히 눈에 띄는
외관은 아니지만,
자꾸만 그 안이
궁금해진다.
건축가 부부의
첫 프로젝트이자
그들의 집.

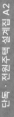

❶ 현관으로 들어가는 입구 쪽에는 포치를 두어 심플한 외관에 입체감을 더했다.

❷ 어디에서 보아도 군더더기 없는 주택 전경. 지붕에서도 확인 가능한 천창은 계단실에 설치된 VELUX(벨룩스) 태양광 개폐형 제품으로, 채광과 더불어 리모컨으로 여닫을 수 있어 환기에도 효과적이다.

❸ 마당 한 켠의 자갈 산책로를 걷는 가족.

대지위치 경기도 양평군	**연면적** 138.67㎡(41.94평)	**구조** 기초 – 철근콘크리트 줄기초 / 지상 – 경량목구조(벽 2×6 S.P.F, 슬래브·지붕 2×10 S.P.F)	**담장재** 두라스택 큐블록 Q2
대지면적 335㎡(101.33평)	**건폐율** 21.21%(법정 40%)		**창호재** Veka해융 소프트라인 82㎜(3중, 42T, Low-E, 투명, 1등급)
건물규모 지상 2층	**용적률** 41.39%(법정 100%)	**단열재** 외벽 – 수성연질폼 150㎜ + EPS 50㎜ / 지붕 – 수성연질폼 250㎜	
거주인원 3명(부부 + 자녀 1), 반려묘 2	**주차대수** 2대	**외부마감재** 외벽 – 스터코(Parex DPR Snow White) / 지붕 – 컬러강판	**천창** Velux VSS(태양광), Velux Solar Blind(태양광), Velux FS
건축면적 71.06㎡(21.49평)	**최고높이** 7.5m		**에너지원** LPG

"엄연히 건축가인데, 우리집은 우리가 지어야지!"
보통 집을 짓겠다고 하면 대단한 사연이 있을 것 같지만, 건축을
전공한 표주엽, 이새롬 씨 부부에겐 그저 언젠간 하게 될 당연한
일이었다.
결혼 후 서울 도심 24평 아파트에 전세로 살며 도시에서의 팍팍한
삶에 지쳐갈 때쯤이었다. 식구가 늘고 동시에 불편함도 늘면서
매일매일의 시작과 끝을 보내는 공간이 얼마나 중요한지를
깨달았고, 아이가 더 크기 전 실행에 옮기자며 집짓기의
출발선상에 섰다.
막상 결심하고 나선 현실적인 문제에 부딪히기도 했지만, 그럴수록
더욱 용기가 차올랐다는 두 사람. 서두르지 않고 차근차근
준비하던 그때, 경기도 양평에서 조건에 맞는 땅을 발견했고, 이후
부부는 머리를 맞대 아들 선우와 함께 살 세 식구의 집을
그려나갔다.
"아파트에 머무는 동안 서로의 공간 사용법을 공유하며 이해하고
있었기에 아내와 상충하는 부분은 많지 않았어요. 혹여 그런 점이
있다면 충분히 이야기를 나누고 어떻게든 해결책을 찾아냈죠."
2년 혹은 4년에 한 번씩 이사 가야 할 집이 아닌 오래 머물 수 있는
'고향 집' 같은 곳이 되길 바라며, 무언가를 채우려 하기보다 무엇을
덜어내야 할지 고민을 거듭했다.
"우리만의 집다운 집을 위해 일시적인 용도의 공간과 화려한
장식적인 요소는 과감히 배제했어요. 그리고 저희가 어린 시절부터
경험해온 익숙한 공간들을 바탕으로 각 실을 신중하게
배치했고요."

정방향에 가까운 단순한 매스. 군더더기 없이 간결한 외관의 2층
목조주택은 여백을 두고 여유롭게 세워져 작은 마을 속에 자연스레
녹아들었다.
집의 절제된 형태 안에서 가장 충실한 쓰임새를 지닌 건 다름 아닌
'창'. 각 공간의 크기와 하루 중 사용 빈도를 고려해 세 가지 크기로
창을 계획해주었다.
가장 큰 창은 거실, 중간 창은 침실, 가장 작은 창은 복도와 주방에
두어 환기, 일조량, 단열 등을 배려한 것은 물론, 전체 매스가 가진
단순함과 일관되지만, 창의 크기보다 솔리드한 백색 스터코 벽이
모든 면에서 지배적일 수 있도록 했다.

내부 역시 편안하고 실용적인 일상적 요소를 적용하는 것에 중점을
두었다.
현관에 들어서면 먼저 채광 좋은 높은 천장고의 계단실과 마주하게
되는데, 환하고 밝은 분위기는 마치 아늑한 공간으로 통하는 터널
같은 느낌을 선사한다. 수납공간을 책임질 창고와 욕실을 양쪽에
둔 복도를 지나면 거실과 주방이 펼쳐진다.

SPACE POINT. 계단실과 창

계단을 활용한 주변부의 단열성능과 층간 온도 차 개선을 위해
조금 실험적인 시도를 해보았다. 먼저 2개의 욕실을 세로로
나란히 각 층에 두어 전체 매스의 코어 역할을 하도록 하고, 그
둘레로 계단을 돌아가게 배치했다. 덕분에 욕실의 4면이 모두
외부와 접하지 않아 겨울에도 춥지 않다. 또한, 1층의 더운
공기가 2층으로 상승하는 길목(계단참)에 개폐식 지붕창을
설치해 두 층의 온도 차이를 줄였다.

외부에서도 확인할 수 있듯, 집에는
창이 많지 않다. 일반적으로 창을 통한
에너지 손실이 많은 만큼 필요한
크기와 개수만으로 구성해주었다.

내부마감재
신한벽지 아이리스

욕실 타일
수입 타일(두물머리타일)

수전 등 욕실기기
수전, 샤워시스템, 액세서리 –
Grohe(엠씨엔제이) / 위생도기, 욕조 –
아메리칸스탠다드(엠씨엔제이)

주방가구
한샘 유로8000

조명
두오모앤코(Flos, Vivia, Santa&Cole),
해외직구(Astro)

계단재·난간
자작나무 합판

현관문
살라만더 Hatis

방문
자작나무 합판(시공팀 제작)

붙박이장
한샘

욕실 하부장
표디자인워크숍 설계

도어벨시스템
Ring Video Doorbell, Amazon Echo Show 8

데크재
콘크리트 폴리싱

선반시스템
Vitsoe 606 Shelving System

조립식 창고
INABA(모노오끼코리아)

우체통
SANJOSE Light

사진
변종석

시공
㈜위드하임

설계
표디자인워크숍(PYO Design Workshop)
https://instagram.com/pyojooyup

거실에 모인 세 식구. 실내 공간을 계획할 때 중요하게 생각했던 것 중 하나는 벽에 걸릴 회화 작품이었다. 화려한 색의 장식적인 비싼 마감재보다 도화지 같은
백색 벽지에 좋은 작품 한 점이 공간을 더 빛나게 한다는 판단에서였다. 그렇게 마감재 비용을 줄여 소장한 작품이 바로 거실 벽에 걸린 구자현 작가의 석판화이다.

1층은 가장 오랜 시간 머물며 가족 모두가 모이는 장소인 만큼 공간의 용도와 가구 위치, 동선 등을 목적에 맞춰 최대한 반영해 편의성을 높였다. 반면 2층은 비교적 정적이며 사적인 공간인 침실과 서재, 세탁실 등을 배치했다.

"바비큐가 가능한 테라스, 다락, A/V룸, 넓은 잔디마당처럼 특정한 상황을 위한, 한두 번 즐기다 보면 쓰임새가 낮아질 공간은 처음부터 두질 않았어요. 대신 가구 배치에 따라 유연하게 변형할 수 있도록 하여 공간의 활용도를 높여주었답니다."

설계부터 준공까지 약 10개월. 지금껏 가족을 위해 가장 의미 있는 시간을 만든 것 같다는 부부다. 계절이 오가는 것을 몸소 느끼고, 아이가 이전보다 더 없이 밝아지면서 원하던 삶의 모습에 한 발짝 가까워졌다. "아파트에 계속 산다고 해서 절대 불행하지는 않았겠지만, 지금보다는 행복하지 않았을 것 같아요(웃음)."

영국의 산업디자이너 재스퍼 모리슨(Jasper Morrison)은 '평범함 속에서 발견할 수 있는 특별함'을 '슈퍼노멀(Super Normal)'이라 칭했다. 평범한 것에 깃든 아름다움을 새롭게 각인시킨다는 것. 세 식구의 412 하우스는 그런 의미에서 진정한 '슈퍼노멀'한 집이 아닐까.

❹ 가족의 소통의 공간이 되어주는 거실. 벽면에 자리한 선반은 비초에(Vitsoe) 606 Shelving System이다.

❺ 필요한 요소만으로 채운 주방. 상부장을 두는 대신 다용도실을 같은 동선상에 배치해 수납의 걱정을 덜었다.

❻ 2층은 사적인 공간으로 채웠다. 정면은 부부 침실, 우측이 아이방이다. 모든 문을 포켓 슬라이딩 도어로 제작한 덕분에 좁은 공간에서의 활용도와 편리함을 동시에 해결할 수 있었다.

❼ 엄마의 애정이 묻어나는 선우의 방

❽ 위층까지 오픈된 계단실. 높은 천장고와 유리 난간 등으로 계단실에서 느껴질 수 있는 답답함을 말끔히 해소했다.

❾❿ 2층 복도와 계단실에 각각 천창을 달아 풍부한 자연광을 집 안 가득 들였다. 어둠이 내리면 별이 쏟아지는 아름다운 밤하늘도 감상할 수 있다.

⓫ 계단을 올라 마주하게 되는 서재. 환기와 채광에 적절한 크기(90×90cm)의 창이 서재를 포함, 각 침실에 설치되었다.

SECTION

① 현관 ② 거실 ③ 주방 ④ 창고 ⑤ 욕실 ⑥ 보일러실
⑦ 서재 ⑧ 안방 ⑨ 아이방 ⑩ 세탁실

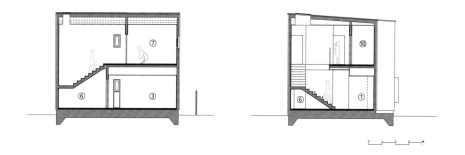

PLAN

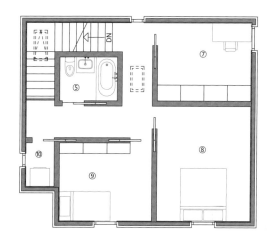

2F - 67.61m²

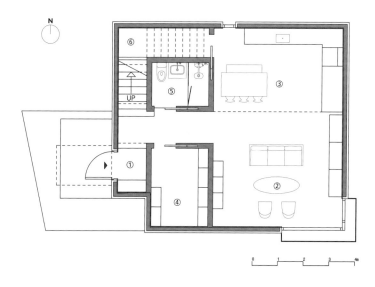

1F - 71.06m²

둥근 천장을 품은 집
파주 목조주택

모퉁이 땅에 자리해
유독 눈길을 끌며
궁금증을 자아내는 주택,
그 속내가 궁금하다.

1

2

❶ 바라보는 방향에 따라 다른 도형, 다른 느낌을 내는 주택의 외관. 자가세척 기능이 있는 세라믹 타일과 미색의 외단열 미장 마감이 따뜻한 분위기를 자아낸다.

❷ 남쪽이면서도 배면에 위치한 주거공간 출입구와 주차장. 전면과는 또 다른 인상을 풍긴다.

다가구주택이 즐비한 경기도 파주시 내 택지지구. 한눈에 봐도 경제 논리로 지어진 빽빽하고 재미없는 건물들 사이, 교차로를 낀 모퉁이 땅에 들어선 집 한 채가 시선을 사로잡는다. 재료도, 형태도, 입구도 독특한 이 건물. 1층은 아동청소년발달센터로, 2층은 센터를 운영하는 부부가 주거공간으로 쓰는, 일종의 소형 상가주택이다. 결혼 후 줄곧 아파트에서 살아 온 부부는 직주일치의 삶을 꿈꾸며 그들의 첫 번째 단독주택을 지어줄 전문가를 찾아 나섰고, 이들의 파트너로 비유에스아키텍츠 건축사사무소가 낙점되었다.

비슷비슷한 건물들 사이에 들어선 동그랗고 뾰족하고 네모난 집

"이전 회사 사옥 건축에 참여할 때 고생했어요. 설계자가 도면만 납품하고 현장을 들여다보지 않거나, 인테리어 업자도 중간에 도망가버리기도 했죠. 주택은 특히 일상과 밀접하기 때문에 섬세한 부분이 많잖아요. 끝까지 믿고 맡길 전문가가 필요했어요."

인터넷에 소개된 기사와 인터뷰 등을 보며 비유에스의 젊지만 강단 있는 모습이 인상적이었다는 건축주. 작은 주택 하나도 작품처럼 여기고 준공 이후까지 신경 쓰는 점이 특히 마음에 들었다고. 설계를 진행하며, 이 집 역시 처음에는 인접한 건물들처럼 다가구주택으로 지으려 했지만, 주차와 1층 면적, 어린이 진출입 문제 등을 고려해 2층 규모 단독주택으로 선회했다. 결과적으로 동화적이면서도 동네에 새로운 풍경을 부여하는 건물이 완성되었다. 문보다 높이 매달린 담장과 삼각형 조각마당을 지나면 만나는 1층은 오직 센터로서의 역할에 충실한 모양새. 대신, 기능적으로 실을 배치하면서도 목재 천장과 톤 다운된 색상, 친환경 마감재, 군데군데 낸 창으로 비치는 조경 요소들이 아이들에게 편안한 공간감을 선사한다.

대지위치	건축면적	주차대수	단열재
경기도 파주시	43.37㎡(43.36평)	2대	하이셀 셀룰로오스 단열재
대지면적	**연면적**	**최고높이**	**외부마감재**
268.5㎡(81.22평)	244.12㎡(73.84평)	8.65m	외벽 - 파렉스 외단열시스템, 아이코트료와 세라믹타일 / 지붕 - 컬러강판
건물규모	**건폐율**	**구조**	**창호재**
지상 2층 + 다락	53.4%	기초 - 철근콘크리트 매트기초 / 지상 - 경량목구조 2×6 구조목(벽), 2×10 구조목(지붕)	알파칸 PVC 삼중창호(에너지등급 2등급)
거주인원	**용적률**		**조경**
4명(부부 + 자녀 2) + 반려견 1	90.9%		MWDLAB

ZOOM IN 아이와 어른 모두 즐거운 이상하고 신기한 출입문

바닥에서 들어올린 담장과 덩그러니 있는 출입문은 마치 현대미술을 보는 듯하다.

이는, 아이와 어른의 진입방식을 분리해주고자 배려한 건축가의 재치가 엿보이는 아이디어다.

이 문을 통과하며 삼각형 조각하늘을 지나 실내로 들어선다.

DIAGRAM

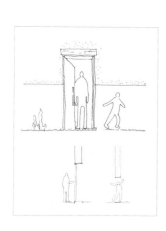

내부마감재
벽 – 벤자민무어 페인트, LX하우시스 지아 / 바닥
– 포보 마모륨, 구정마루 강마루

욕실 및 주방 타일
바스디포 타일

수전 등 욕실기기
대림바스

주방 가구·붙박이장
리바트

조명
LED COB 매입등, T5 LED 간접등

계단재·난간
고무나무 합판 + 원형 금속 환봉

현관문
YKK 현관문

중문
아이지도어 3연동 자동문

방문
예림 ABS 도어

전기·기계·설비
GM엔지니어링

구조설계
금나구조

구조설계(내진)
㈜씨아이에스엔지니어링

사진
변종석

시공
신민철

설계
비유에스아키텍츠 건축사무소
박지현, 우승진, 조성학
www.bus-architecture.com

벽에 면해 여유롭게 주방가구와 가전을
배치하고 아일랜드로 중심을 잡은 주방.

채광과 감성 더한 천창이 백미인 내부 공간

지붕에서 짐작할 수 있다시피 사무실과 달리 주거공간인 2층에선 과감한 제스처가 드러난다. 둥근 천장의
볼트에 길이 방향으로 낸 천창이 특히 눈길을 끈다.

"주택 남쪽에 이미 지어진 집들의 큰 창문들이 면해 있었습니다. 거실과 주방을 북향에 두고 빛이 충분히
들어올 수 있도록 천창을 내어 조망과 채광에 대한 고민을 해결했습니다."

형태 너머 생활을 고려한 건축가의 배려로 구현된 공간. 건축주는 소파에 누워 천창을 통해 지나가는
구름을 보는 즐거움을 알게 되었다니 감성까지 충족한 셈이다. 주택에 오면서 이전보다 여유가 생긴 것
같다는 소회를 남긴 건축주. 원하는 시간에 세탁기를 돌릴 때, 반려견이 발코니를 쓸 때, 숙면을 취할 때 등
대단하진 않아도 소소한 일상의 기쁨이 삶을 채울 때, 집 짓기 참 잘했다는 생각이 든다고. 그렇게 서서히
주택생활의 묘미를 알아가는 가족에게 오늘도 천창으로 따뜻한 가을볕이 쏟아진다.

❸ 방과 드레스룸 등 기능적인 공간은 모두 한 방향으로 몰고 거실과 주방을 통합해 넓게 구성했다.

❹ 1층 센터를 비롯해 실내는 휘발성 유기화합물이 없는 페인트, 천연원료로 구성된 리놀륨 바닥재 등 친환경 소재로 마감해 아이들 손이 닿는 곳 모두 섬세하게 신경 썼다.

❺ 세 개의 방 중 하나는 천창이 이어진다.

❻ 둥근 천장 덕분에 독특한 공간감을 연출하는 것은 물론, 천창으로 쏟아지는 빛의 움직임이 시시각각 실내에 드러나는 거실.

❼ 천창을 지지해주는 노출 구조목과 틈새로 소통하는 다락이 입체적인 공간감을 형성한다.

❽ 다락으로 오르는 계단 옆, 발코니를 만들어 반려견을 배려했다. 목조주택이라 방수에 각별히 신경 썼다.

SECTION

① 아동청소년발달센터 ② 현관 ③ 주차장 ④ 진입마당 ⑤ 거실 ⑥ 주방
⑦ 방 ⑧ 드레스룸 ⑨ 화장실 ⑩ 다용도실 ⑪ 발코니 ⑫ 다락

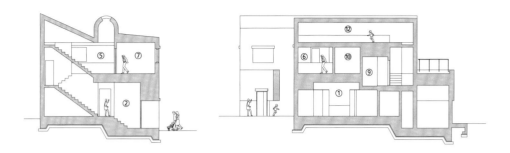

PLAN

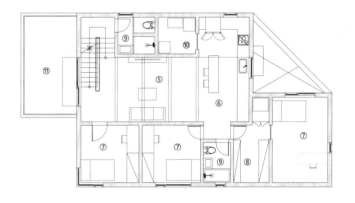

2F - 122.91m²

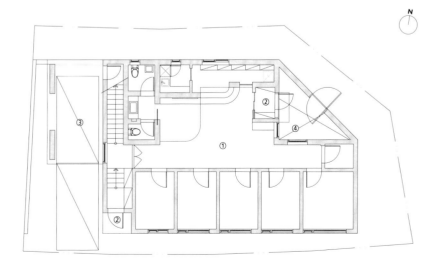

1F - 121.21m²

파주 목조주택

바다와 산이 보이는 집
호젓함이 머무는 곳

바빴던 그간을 정리하고
제주로 내려온 부부.
이곳에 집을 지은 후
생긴 작은 기대들이
별일 없는 일상까지
즐겁게 한다.

그동안 서울에서 숨가쁘게 살아온 부부는 고되었던 지난 삶을 모두 내려놓고 제주행을 결심했다.
정원도 가꾸고 주변 오름도 오르는 건강한 노후를 꿈꾸며, 그들에게 딱 맞는 집을 만나고자 다양한
건축 서적을 챙겨보는 노력도 게을리 하지 않았다. 집 짓는 게 쉽지 않다는 얘길 듣고 이미 완공된
주택을 살까 발품도 많이 팔아보았지만, 정작 마음에 드는 집을 찾기가 더 어려웠다. 결국 그냥
'집을 짓자'란 결심이 선 것도 그때쯤이었다.

먼저 부부는 터를 골랐다. 두 사람이 고민 끝에 구매한 땅은 북쪽으로는 한라산이, 남쪽으로는
서귀포 바다가 멀리 보이는 한적한 대지였다. 3,000여 평의 큰 귤 밭을 12개의 필지로 나눠, 이미
몇 채의 집이 듬성듬성 들어선 작은 마을 같은 곳. 이곳에 자리할 집의 설계는 제주에서 여러 차례
건축 경험이 있는 에이루트 강정윤, 이창규 소장이 맡았다.

"이웃한 집들을 보니 대부분 분할된 택지 가운데 건물을 배치하고 담장을 둘렀더라고요. 외부에서
가족들의 공간이 훤히 들여다보여서인지 집마다 커튼을 치고 마당을 즐기지 않는 듯 했죠.
안타깝게도 200평의 땅을 사서 1/5 정도의 공간만 누리는 느낌이었어요."

최소한 땅 위에 그저 우두커니 서 있는 집은 되지 않게 하자는 데 뜻을 모아 건축가는 중정을 둔,
모든 실에서 마당을 접할 수 있는 집을 구상했다. 그리곤 건물 자체가 담장이 되는 방법을
선택함으로써 들고 날 때 언제나 마주하고 대문을 열면 골목과 이어지는 길의 연장선이 되는 마당,

1

대지위치	용적률	단열재
제주특별자치도 서귀포시	22.04%	비드법단열재 2종3호 100mm 외단열, 크나우프 그라스울 에코베트 가등급
대지면적	주차대수	외부마감재
660㎡(199.65평)	1대	스토(STO) 마감, 모노롱 타일, 제주석, 갈바륨 징크 및 일부 알루미늄 징크 지붕
건물규모	최고높이	담장재
지상 2층	6.45m	콘크리트 및 제주석
건축면적	구조	창호재
130.71㎡(39.54평)	기초 – 철근콘크리트 매트기초 / 지상 – 철근콘크리트 + 경량목구조	LX하우시스 PVC 시스템창호 및 이건 알루미늄 창호, 로이 복층 유리
연면적		철물하드웨어
145.49㎡(44.01평)		심슨스트롱 타이, 허리케인 타이
건폐율		
19.80%		

❶ 집은 너른 과수원을 200여 평으로 분할한 대지 위에 자리하고 있다.

❷ 건물을 대지 전면으로 배치하고, 건물과 일체화된 담을 쌓아 대문간을 만들었다. 그 결과 내밀하면서도 활발하게 쓰이는 '가운데 마당(중정)'을 둘 수 있게 되었다.

❸ 중정은 언제나 드나들며 만나는 편안한 마당이다. 제주 곶자왈을 형상화한 조경으로 꾸며 집 안에서도 제주를 느낄 수 있다.

❹ 2층 테라스 하부 공간을 활용한 근사한 대문간. 앞쪽으로는 아기자기한 화단을 조성하여 화사한 골목 분위기를 더하고자 노력했다.

❺ 뒷마당은 둔덕을 그대로 살려 원래 땅이 가지고 있는 안정감을 유지해주었다.

❻ 안방 쪽 안마당은 담장을 사이에 두고 골목과 만난다.

❼ 부부가 적적하지 않도록 주로 생활하는 식당과 거실을 함께 두었고, 공간을 서쪽으로 배치한 덕분에 따뜻한 오후의 빛이 깊게 들어 온다.

❽ 2층은 높은 마루를 가진 서재와 그에 면한 테라스, 바닥까지 내려온 창을 두어 2층이면서도 1층 같은 공간이 되도록 하였다. 새하얀 공간이 다소 차가워 보일 수 있어 한식 창을 적극적으로 사용했다.

내부 실과 각기 다른 성격으로 접하는 마당이 자연스레 대지 가운데 놓이도록 했다.
배치가 풀리니 다른 평면들은 자연스레 부부의 삶을 담을 수 있게 되었다. 두 사람이 생활할
안방과 독립한 자녀들이 놀러와 머물 수 있는 손님방을 1층에 만들고, 2층에 서재 겸 다실을
두었다. 특히 1층에는 거실과 주방을 함께 배치해 부부 둘만 있어도 적적하지 않게 배려하고,
2층의 서재는 높은 마루와 그와 이어진 테라스를 만들어 2층임에도 마치 1층 같이 느껴지는
공간을 완성했다. 더불어 목구조가 가진 따뜻함에 한식창호를 더 하니, 익숙하고 마음 편한 집이
갖춰졌다.
안방의 작은 마당과 대문 앞 화단에는 돌담을 적절하게 올리고 대나무와 남천 등으로 아늑하게
연출하되, 골목의 풍경을 고려했다. 그리고 중정은 부부의 의견에 따라 소철을 더해 제주
곶자왈과 같은 풍경을 만드는 데 힘썼다.
자신의 삶을 오랫동안 꾸려온 중년 부부라 라이프스타일이 확실하게 정해져 있었고, 그랬기에
건축가는 두 사람이 원하는 것, 불필요한 것들을 쉬이 가려낼 수 있었다고 말한다. 섬으로 오기
전 부부의 바람이 고스란히 담긴 곳. 집을 통해 가족은 그동안 꿈꿔왔던 일들을 하나둘 실현하고
있다.

호젓함이 머무는 곳

내부마감재
벽 – 노출콘크리트 위 발수코팅, 석고보드
위 페인트(삼화 아이사랑 수성페인트) /
천장 – 미송 위 오일스테인 / 바닥 – 구정
원목마루(티크) 및 브러쉬마루(오크)

욕실 및 주방 타일
윤현상재

수전 등 욕실기기
아메리칸스탠다드

주방 가구
한샘

조명
국내(라이마스, 이케아) 및 해외 조명
직구(Noguchi, Muuto, Herstal, Lucci
air)

계단재·난간
오크 집성목

현관문
이건창호

방문
한식창호

사진
이상훈

시공
건축주 직영

설계
에이루트(A root architecture)
강정윤, 이창규
www.arootarchitecture.com

부부가 적적하지 않도록 주로 생활하는
식당과 거실을 함께 두었고, 공간을
서쪽으로 배치한 덕분에 따뜻한 오후의
빛이 깊게 들어 온다.

SECTION

①대문간 ②가운데 마당(중정) ③현관 ④창고 ⑤손님방
⑥주방 ⑦보조주방 ⑧거실 및 식당 ⑨테라스 ⑩드레스룸
⑪안방 ⑫화장실 ⑬뒷마당 ⑭안마당 ⑮서재

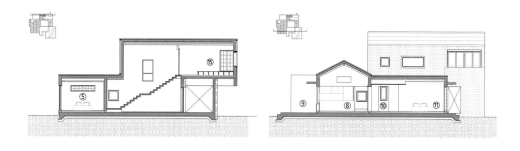

PLAN

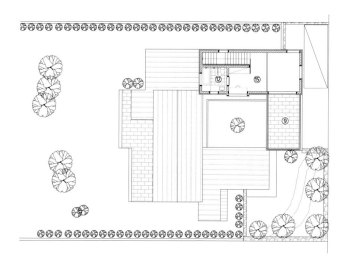

2F - 38.22m²

❾ 2층은별도의 욕실과 방문을 설치해
프라이빗한 독립된 공간으로 기능한다.

❿ 1층 화장실은 큰 창과 개폐가 가능한
천창을 실시해 밝고 쾌적한 공간이
되었다.

⓫ 안방은 아늑하게 구성하고 가운데로
열리는 큰 창을 놓아 마당과 가까운
집을 만들었다. 골목 쪽으로는 담을
비교적 높게 세워 사생활을
보호하면서도 여러 수종의 나무를 심어
마주한 길이 삭막하지 않도록
보완하였다.

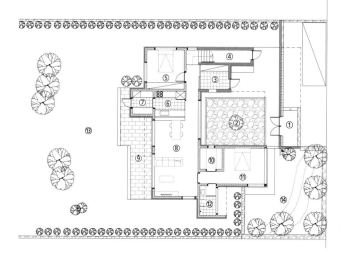

1F - 107.27m²

북유럽에서 건너온 집
SWEDISH MODULAR HOUSE

북유럽에서 건너온 집

인테리어 책에서
종종 보던 북유럽 디자인이
무엇인지 궁금했다면,
이 집을 들여다보자.
말로만 듣던
진짜 북유럽 주택이
한국에 상륙했다.

1

인천 영종도에 위치한 스웨덴 하우스는 컨테이너 5개 물량으로 지은 모듈러 목조주택이다. 스웨덴 공장에서 생산한 유닛, 현지 인력의 조립 및 시공 참여로 완성됐다. 한국에서도 생산 가능한 모듈러 주택을 왜 굳이 스웨덴에서 들여왔을까?

스웨덴은 전체 단독주택 중 목조주택 비율이 90%, 모듈러 주택 비율이 70%에 해당하는 나라로, 타고난 임업 자원 덕분에 연관 산업 역시 시스템화되어 있다. '패시브하우스'란 개념은 독일과 스웨덴 교수가 함께 제안한 아이디어일 정도로 집의 쾌적성에 대한 관심도 높다. 이렇게 주택이 발달한 데는 좋은 목재가 많은 탓도 있지만 추운 날씨와 인구 밀도, 문화 등에서도 그 원인을 찾을 수 있다. 기온이 낮고 집과 집 사이의 거리가 먼 스웨덴 사람들은 집에서 가족과 함께 머무는 시간이 많다. 이들은 가족의 건강하고 행복한 생활을 최우선으로 여기며, 그 배경이 되는 집에 투자하는 것이다.

대지위치
인천광역시 중구

대지면적
331.0㎡(100.12평)

건물규모
지상 2층

건축면적
92.25㎡(27.90평)

연면적
136.71㎡(41.35평)

건폐율
27.87%

용적률
41.39%

주차대수
1대

최고높이
7.4m

구조
기초 – 스웨덴식 기초
조립 패키지 / 지상 –
경량목구조(공장 제작)

단열재
스톤울

외부마감재
외벽 – 목재 사이딩 위 외부용 수성페인트 / 지붕 –
컬러강판

창호재
Traryd Fonster社 3중 유리 알루미늄–우드 창호

열회수환기장치 및 에너지원
Kuben 550AW(열회수환기장치·에어컨·보일러 일체형)

그만큼 내구성과 쾌적성 등을 바탕에 둔 스웨덴의 주택 기술 그대로를 옮겨온 영종도 스웨덴 하우스에는 그 나라의 전형적이고 보편적인 가정집의 공간과 감성까지 고스란히 담겨 있다.

주택은 천장이 오픈된 LDK를 가진 2층, 약 40평 규모로 지어졌다. 넉넉한 드레스룸과 욕실을 품은 현관을 지나 메인 홀로 들어서면 박공 지붕선이 드러나는 커다란 공용 공간이 나타난다. 1층 침실과 계단의 위치, 주방과 다용도실의 연결 등이 자연스러운데, 평면도를 확인하면 커다란 직육면체 유닛 두 개가 결합, 단순한 평면임을 알 수 있다.

3LDK 구성에 발코니까지 갖춘 집에서 한 가지 아쉬운 것이 있다면, 화장실이 1층에 하나 있다는 것 정도. 나머지는 범용적으로 쓰여도 손색없을 만큼 적당한 평면으로 보인다. 물론, 모듈러 주택이기에 다양한 조합도 가능하다.

❶ 비가 올 때나 물건을 배송 받을 때 요긴한 포치. 오른쪽 회색 루버는 공조 장치의 일부이다.

❷❸ 주택의 공용 공간. 한국형 아파트에서 시도할 수 없는 다양한 형태의 모듈식 가구로 수납공간을 더했다.

POINT 1 - **청소가 용이한 리버시블 창문**

후크를 풀면 하드웨어에 의해 창호는 양쪽 벽에 지탱되고 바깥쪽을 뒤집어 실내에서도 창호를 닦을 수 있다.

POINT 2 - **일체형 공조장치**

패시브하우스의 기본인 열회수환기장치는 물론 에어컨, 바닥 난방, 급탕 보일러까지 기계 하나로 해결한다.

EXPERT HOUSE

북유럽의 건축·제조·디자인 노하우가 집약된 주택

이 집은 시작부터 끝까지 스웨덴 현지의 인력과 자재, 기술과 디자인을 바탕으로 지어진 일종의 샘플하우스로, 실제 현지인 및 관련 회사의 참여와 전문성이 투입되었다. 스웨덴에서 40년 가까이 주택을 생산해 오고 있는 Arkos HOME의 엔지니어부터 글로벌 회사인 이케아의 B2B 비즈니스 기반 홈퍼니싱 솔루션 역시 주목할 만하다.

Kjell Enstroem _ 하우스 디렉터

"스웨덴의 경우 단독주택 90% 이상이 목조주택, 그리고 70% 이상이 모듈러 주택입니다. 스웨덴 주택은 단독주택 시장이 활발한 일본에서 더 큰 인기를 모으고 있습니다. 이제까지 약 2만5천 동 이상 배송·시공된 것으로 추산됩니다. 지진, 태풍, 단열, 공기 질 등의 이슈 등을 공유하는 한국에서도 그 진가를 확인하길 바랍니다."

Stefan Arnesson _ Arkos HOME 엔지니어

"목조 모듈러 주택의 가장 큰 장점은 공기 단축과 완성도 높은 품질입니다. 자동화 시스템으로 기후와 관계없이 패널을 생산하고, 치수안정성을 확보할 수 있습니다. 그만큼 현장에서의 조립 역시 중요합니다. 벽체는 2㎜, 기초·창호부는 1㎜의 오차범위를 넘어선 안 됩니다. 좋은 자재와 정확한 가공, 현장에서의 꼼꼼함이 오래 가는 주택을 만듭니다."

PREFAB PROCESS

공장에서 현장까지
스웨덴 하우스 시공 과정

스웨덴 하우스처럼 건축면적 27평, 연면적 40평 남짓한 규모를 짓기 위해 공장에서 모듈을 제작하는 데 걸린 기간은 고작 하루, 현장에서 조립하는 데는 이틀 남짓이었다. 그만큼 시스템화되어 있다는 뜻. 현지 엔지니어 포함 현장 인력도 3명 내외로 완성했다. 모듈러 주택임에도 공조 시스템이 적용된 것, 2층 바닥은 전기 필름을 사용한 것이 특징이다.

1 - 공장 제작 : 자동화시스템

규모에 따라 미리 재단된 목재가 작업대에 놓이고 창호(개구부) 중심으로 패널이 만들어진다. 벽체 레이어를 어디까지 완성할 것인지 사전에 결정할 수 있다.

2 - 공장 제작 : 단열재

스터드 사이에 채워진 단열재 스톤울. 국내에는 미네랄울이라고도 알려져 있다. 불연재이면서 발수와 투습 성능까지 갖춰 목조주택에서의 수요가 높다.

3 - 콘크리트 기초

땅을 깊게 파고 콘크리트 기초를 두껍게 까는 대신, 모듈러 기초 패키징을 기반으로 3차 단열을 거쳐 최종 콘크리트 슬래브는 100㎜로 마감했다.

4 - 골조 이동 및 조립

모듈러 주택은 공장 생산만큼 현장의 정밀한 조립이 중요하다. 일반 주택에 적용 시 해당 대지가 크레인 등 중장비가 들어갈 수 있는 환경인지 사전에 체크해야 한다.

5 - 지붕 시공

하지용 지붕 목재와 컬러강판 사이에는 스웨덴산 웨더 프로텍션을 설치해 빗물과 소음에 대비했다.

6 - 공소 시스템용 딕트 설치

이미 구조체에 덕트가 내장되어 있어 외부 노출이 필요 없다. 벽과 바닥 내부의 공간을 최대한 활용하여 마감함으로써 공기 순환 시 소음도 감소한다.

7 - 2층 바닥 전기 열선

스웨덴도 XL 배관 기반의 바닥 난방이 흔하지만, 이 주택의 경우 스웨덴산 전기 필름지를 이용했다. 전자파·전기료·축열 성능에 대한 확인을 거쳤다.

8 - 접착제 최소화하는 내부 마감

접착제를 최소화하기 위해 클릭식 바닥재를 사용했다. 영종도의 경우 섬이라 바람의 영향이 있어 일반 스웨덴 주택보다 합판이 한 장 더 사용되었다.

내부마감재
벽 – 석고보드 위 글래스페이퍼 및 수성페인트 /
바닥 – 15mm 원목마루

욕실 및 주방 타일
자기질타일

현관문
Leksandsdorren 목재 현관문

방문
Swedoor 목문

기타 모든 가구
이케아

사진
변종석

설계
Arcos Home AB

시공
㈜스웨덴하우스
www.swedenhouse.kr

마치 쇼룸에 들어온 듯한 주택의 내부. 마감재를 제외한
전체 가구는 이케아의 B2B 비즈니스 솔루션을 통해
컨설팅받아 진행되었다.

4

5

6

7

이 샘플 주택을 기획한 ㈜스웨덴하우스의 백민수 대표는 "일부 건축주들은 모듈러 주택이
공장에서 사전 제작하기 때문에 건축 비용까지 낮을 거라고 인식하는데 꼭 그렇지는
않다"며 "가격보다 공기 단축, 정확한 조립 등을 통한 고품질 확보에 집중해야 한다"고
설명했다. 추운 날씨 속에서 천천히 오래 자라 밀도가 높은 북유럽의 목재, 실내
공기질까지 고려한 공조 장치, 공장에서 생산한 오차 없는 모듈 등을 조합해서 지은 집.
여전히 저가 선호 중심으로 형성된 우리나라의 주택 시장에서 소비자들에게 어떻게
받아들여질지 귀추가 주목된다.

❹❻ 주택의 규모에 비해 여유롭게 설정된 현관.
코트걸이, 벤치, 파우더는 물론 욕실 역시 현관
유닛에 배치되었다.

❺ 해외에서는 계단과 같은 요소만 따로
모듈용으로 판매해 DIY로 집을 짓는다고 한다.

❼ 주방-세탁실-보일러실이 이어지는 동선

❽❾ 스웨덴 역시 80년대 후반부터 XL 배관을
기반으로 하는 바닥 난방이 일반화돼 2층 바닥도
방통이 가능하다고. 이곳은 샘플주택이라
전기필름지를 이용, 건식으로 난방한다.

❿ 군더더기 없이 깔끔한 메인 침실

SECTION

①현관 ②거실 ③주방 ④다용도실 ⑤기계실
⑥드레스룸 ⑦욕실 ⑧침실 ⑨가족실 ⑩발코니

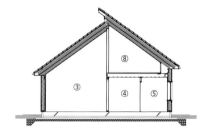
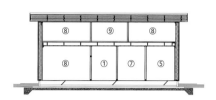

PLAN

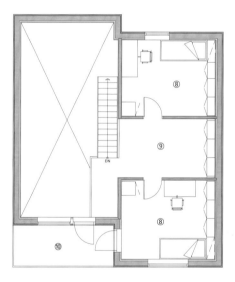

2F - 52.56m²

1F - 84.15m²

❶ 층고가 높은 아이방. 발코니로 바로
나갈 수 있는 문이 따로 있다.

❷ 핀란드에서는 가정마다 사우나가
있다면 스웨덴은 스파가 보편적이다.

좌우대칭의 효율과 미학
DECALCOMANIE

묵직하면서도 날렵한
품새로 몸을 낮춘 집.
어두운 밤, 다가구주택으로
가득한 택지지구에서도
가장 빛나는 까만 점 하나.

이 집은 한 장의 그림에서 시작되었다.

자를 대고 반듯하게 그린 사각형과 중앙을 가로지르는 십자 복도, 네 모서리를 차지하고 있는 방. 건축주 편석진 씨는 다이어그램과도 같은 이 평면도를 들고 리소건축 김대일 소장을 찾아간다. 손님 초대가 잦은 라이프스타일에 맞춰 1층은 주방과 거실만 둘 것, 2층에는 모두가 성인인 구성원이 동등하게 침실을 가질 것. 요청사항도 그가 그려온 그림처럼 간단해 보였지만, 실제의 주거 구성에 있어서 결코 단순한 문제는 아니었다. 김

소장은 이 흥미로운 제안의 특별함을 간파하여 김남건축과의 공동설계를 제안했고, 건축주도 이를 흔쾌히 받아들이면서 본격적인 설계가 시작되었다.

직사각형에 가까운 반듯한 모양의 땅에 1층은 공용공간, 2층은 같은 크기의 침실 4개를 배치해야 하는 조건에서, 설계자가 떠올린 건 대칭이었다. 우선, 현대 주거에서 주방과 거실은 동등한 중요도와 위계를 가지기에 양쪽으로 분할하는 것이 무리가

대지위치 경기도 남양주시	**건폐율** 47.08%	**외부마감재** 외벽 – 노출콘크리트 위 스테인, 럭스틸 / 지붕 – 럭스틸
대지면적 255.4㎡(77.25평)	**용적률** 77.35%	**창호재** 필로브 알루미늄 시스템창호 + 47㎜ 로이삼중유리
건물규모 지상 2층	**주차대수** 2대	**에너지원** 도시가스
거주인원 4명	**최고높이** 7.12m	**조경** 박준경
건축면적 120.24㎡(36.37평)	**구조** 기초 – 철근콘크리트 매트기초 / 지상 – 철근콘크리트	**전기·기계** 극동파워테크(전기), 타임테크(기계)
연면적 197.54㎡(59.75평)		**구조설계(내진)** 터구조

① 외벽부터 지붕까지 올 블랙 스타일의
외관은 각각 노출콘크리트와 검정색
컬러강판으로 구현했다.

② 조경은 집의 톤과 어울리도록
간결하게 구성했다. 잔디 대신 판석과
마사토로 땅을 채우고 자작나무와
대나무 등이 적재적소에 배치되었다.

아니었다. 침실 역시 네 모서리의 컨디션이 다르더라도 코너창과 한식 창호를 덧댄다면 공간을
콤팩트하게 설계하면서 활용도를 높일 묘안처럼 보였다. 각 층의 서비스 공간으로 보조주방과
욕실이 한 쌍을 이룰 수 있다는 점에서도 설득력을 가진다.

여기에 방점을 찍은 건 현관의 위치다. 건축 수법에서 실내를 한 번에 보여주는 경우는 잘
없기에 건축가들은 다양한 동선을 제안했지만, 그중 건축주가 선택한 건 정중앙에서 진입하는
것이었다. 대신 직접 노출된 면에 수납장을 두어 솔리드하게 처리, 외부 시선을 차단했다.
이처럼 대칭에 얽매여 자칫 생활을 불편하게 하는 장치를 건축가들은 경계하고, 효율도 미학도
놓치지 않는 대안을 충분히 제시했다. 취향과 기준이 명확한 건축주의 확고한 의지가 이 집을
더욱 특별하게 만들어주는 열쇠로 작동한 셈이다.

건축가들의 또 다른 미션은 검은색 외관을 '제대로' 구현하는 것이었다. 이를 위해 다양한 샘플을
놓고 비교하는 과정을 거쳤다. 검은색이라기보다 진회색에 가까운 색감에 만족하지 못했고,
노출콘크리트 마감 위 안료를 칠하는 것으로 합의점에 도달했다. 건축주의 '검은색 사랑'은

2 ©김남건축

내부마감재
벽 – 벤자민무어 친환경 도장 / 바닥 –
원목마루, 이태리 수입타일

욕실 및 주방 타일
유로세라믹 수입타일, 윤현상재 수입타일

수전 등 욕실기기
세면기 – catalano zero, 샤워수전 – axor,
세면수전 – crestial, 욕조 – 새턴바스,
양변기 – 아메리칸스탠다드

붙박이장·주방 가구
와셀로 www.wacello.co.kr

조명
the edit 펜던트 조명, the lite 매입 조명

플라워디자인
플라워바이손, 김진희

계단재·난간
포천석

현관문
필로브 알루미늄 시스템도어 + 47mm
로이삼중유리

중문·방문
제작

사진
송유섭, 김남건축

시공
무일건설

설계
리소건축사사무소 www.li-so.kr +
건축사사무소 김남 www.kimnam.co.kr

거실과 주방으로 구성된 탁 트인 1층 공용 공간.
검정색 스테인을 입힌 목재와 한지로 만든
접이식 한식 창호를 닫으면 공간을 구분할 수
있다. 왼쪽의 붙박이장 뒤편으로 보조주방과
욕실이 각각 자리한다.

일종의 벽 역할을 하는 붙박이장과 주방 가구까지 이어져 이 집만의
분위기를 완성시킨다.

원하는 형태와 색을 구현하는 과정, 재료와 재료가 만나는 지점,
대칭이라는 원칙 속에서 파생되는 문제들은 모두 디테일로 풀어냈다.
설계 변경이 있을 때마다 집의 전체 규모를 상기했고, 콤팩트한 형태를
유지한 덕분에 주어진 예산에서 크게 벗어나지 않는 시공이
가능했다. 상대적으로 실내가 오픈된 탓에 행인들의 궁금증을
자아내지만, 이 또한 원하는 삶을 위해 감수하는 작은 불편함이라는
건축주. 몸집을 부풀려 큰 집을 짓는 택지지구 내에서 소신 있는 그의
선택이 역설적으로 존재감을 드러낸다.

❸ 현관에서 바라본 실내. 오픈된 계단실 틈 사이로 배면의 경치가
유입된다.

❹ 요리와 홈파티를 즐기는 건축주를 위해 동선이 자유로운 오픈키친을
구성했다. 널찍한 아일랜드 싱크에 두 개의 싱크볼을 배치해 많은 양의
음식을 만들어도 무리가 없다. 날씨가 좋을 때는 마당과 이어지도록
창호에도 신경 썼다.

❺ 2층 복도 끝에서 내려다 본 1층 현관. 현관에 들어서면 지붕까지
이어지는 높은 층고를 경험한다.

POINT 1 - 노출콘크리트 외벽

노출콘크리트 외벽에 칠할 안료를 도장하기
전 농도와 광도를 달리해 8종류 이상 시험한
후, 해당 처음부터 끝까지 질감이 유지되도록
시공했다.

POINT 2 - 지붕과 현관부

지붕과 현관부에는 럭스틸 컬러강판을 적용,
외벽과 톤은 비슷하되 재료는 달리 했다.

POINT 3 - 붙박이장과 주방가구

실내의 큰 면적을 차지하는 수납장과
아일랜드 상판에도 블랙 인테리어가 반영해
외부부터 실내까지 디자인 컬러톤을 일관성
있게 유지했다.

❻ 2층의 복도. 사방에 침실이 자리해 양끝과 천창으로 채광을 확보했다.

❼ 강아지를 씻기기 쉽도록 1층에는 다운 욕조를 설치했다.

❽ 주어진 공간을 낭비 없이 쓰도록 각 방에는 포켓도어를 달았다.

❾ 침실 안쪽 드레스룸.

❿ 도로, 일사, 녹지 등 주변 조건이 다른 4개의 방은 얕은 경사 지붕을 가지며 동등하게 배치되었다.

코너창과 한식 창호로 조절하는 조망과 일사량.

SECTION

①현관 ②식당 ③거실 ④다용도실 ⑤욕실 ⑥주차장 ⑦침실 ⑧드레스룸

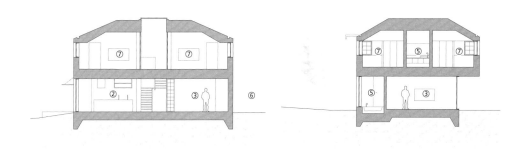

PLAN

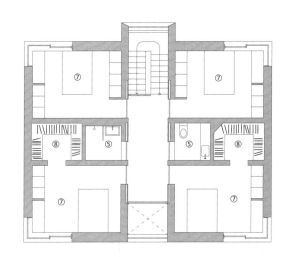

2F - 88.75m²

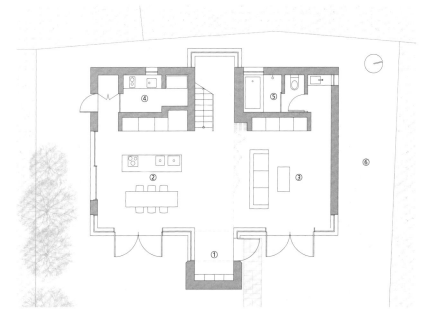

1F - 108.79m²

두 가족이 키워내는 아이들의 집
카사브로

각자 살아내기에도
버거운 시대에 형제는
오히려 뭉쳤다.
건축가와 함께 고심을 거듭해
공간을 나누고, 주의를 기울여
집을 올렸다.
두 부부의 안온한 일상과 함께
아이들의 미래를 위해.
경사 깊은 땅 위에 세워
다채로운 표정을 가진
일곱 식구의 집,
'카사브로'다.

최종문, 권선아 씨 부부와 첫 아이 지아가 세상에 나올 준비를 하고, 동생 종두 씨는 싱글 라이프를 누리고 있을 때였다. 마침 시기 좋게 친척 사이에서 토지가 나와 새 주인을 기다리고 있었고, 자연 속에서 아이를 키우고 싶었던 종문 씨는 이때를 놓치지 않았다. 준비와 결심이 서자 형제는 나우랩건축사사무소의 문을 두드렸다. 두 가족이 지낼 집이기에 여러 가지를 고민하고 조율할 것이 많아 설계와 시공에 각각 1년이 필요했다. 입주할 때 형 종문 씨는 두 아이의 아버지가 되었고, 동생 종두 씨도 아내 지현 씨를 만나 아이를 얻었다. 그렇게 작년 봄, 카사브로는 일곱 식구의 보금자리가 되었다. 카사브로는 각 세대를 어떻게 나눌 것인지, 공용-사적공간은 어떻게 조화시킬 것인지, 그리고 그런 고민을

고저 차가 6m에 이르는 대지 위에 어떻게 구현할 것인지가 관건이었다. 나우랩 건축사사무소의 최준석, 차현호 소장은 이를 반으로 3m씩 나누는 대신 2m 단위로 스킵플로어를 구현해 분배했다. 동생 세대, 주방 및 식당, 형 세대로 나뉘었고, 잦은 계단들 사이사이에는 취미와 놀이 공간이 놓였다. 지하에는 필로티를 세워 넉넉한 놀이터 겸 캠핑공간을 두었고 내외부 여러 통로를 통해 자유롭게 오가며 이 또한 아이들의 즐거움이 되었다. 한 지붕 두 가족이다 보니 가끔은 불편하지만, 그래도 모두 즐겁다고 입을 모은다. 친구처럼 어려울 때 기대고, 사건이 생기면 함께 울고 웃는다. 아이들은 두 배 많은 가족의 관심을 먹으며 정성들여 지은 이 집에서 무럭무럭 씩씩하게 자란다.

대지위치 경기도 양평군	**연면적** 305.41㎡(91.38평)	**구조** 기초 - 철근콘크리트조 / 지상 - 철근콘크리트	**창호재** 이건창호 35mm 알루미늄 삼중창호(에너지등급 1등급)
대지면적 903㎡(273.15평)	**건폐율** 36.94%	**단열재** 비드법단열재 2종3호 불연재 150mm	**에너지원** LPG
건물규모 지상 2층 + 다락, 지하 1층	**용적률** 32.27%	**외부마감재** 외벽 - 노출콘크리트 위 발수 코팅, 스터코 외단열시스템 등	
거주인원 7명(형 가족 4, 동생 가족 3)	**주차대수** 3대	**담장재** 두라스택 큐블록 Q3 시리즈	
건축면적 333.61㎡(100.91평)	**최고높이** 9.69m		

ⓒ최진보 **3**

4 ⓒ최진보

❶ 수평으로 뻗는 긴 복도와 계단, 그리고 이전부터 서 있던 소나무가 만든 우연이 건물에 독특한 입면을 만든다.

❷ 걸으며 즐기는 오감 만족 자갈 마당. 2층 테라스는 풍경과 어우러지는 너른 마당의 역할을 한다. 바닥에 깔린 투톤 자갈은 방수 관리를 용이하게 하면서, 걸을 때 시각, 촉감, 청각 등 다양한 감각으로 재미난 자극을 준다.

❸❹ 실내에서 마당으로 나가는 다양한 통로. 카사브로의 정식 현관은 2층 후면에 하나만 있지만, 밖으로 나가는 통로는 1층과 2층을 통틀어 무궁무진하다. 창 밖으로는 긴 복도형 테라스가 나 있어 발코니 창을 열어 테라스를 통해 어른도 아이도 지하 마당과 놀이터로, 2층 테라스 자갈 밭으로 나아갈 수 있다.

내부마감재
벽 - 벤자민무어 친환경 도장 / 바닥 - 포보
플로어링 시스템(마모륨) / 천장 - 벤자민무어
친환경 도장

욕실 및 주방 타일
윤현상재 수입타일

수전 등 욕실기기
그로헤, 아메리칸스탠다드

주방 가구·붙박이장
헤르만가구

조명·현관문
건축주 해외 직구

계단재·난간
화이트오크집성목, 금속환봉난간

방문
예림도어, MDF + 필름지 부착

데크재
합성목재 현장공사

전기·기계
정연엔지니어링

설비
세원엔지니어링

구조설계(내진)
델타구조

사진
변종석, 최진보

시공
리원건축

설계·감리
나우랩 건축사사무소 room713@naver.com
www.naau.kr

5 ⓒ최진보

⑤ 습할 수 있는 지하공간은 매스를 옹벽과 분리하여 바람이 통할 수 있게 한다.

⑥ 처마를 만드는 노출콘크리트를 주차장 상부까지 이어서 건폐율 증가를 피하면서 주차장을 집의 한 요소로 성공적으로 끌어들였다.

⑦ 2층 동생 세대의 거실. 감각적인 조명과 비스듬한 고측창이 재밌게 조화를 이룬다.

6 ⓒ최진보

7

단독·전원주택 설계집 A2

8

9 ⓒ최진보

10 11

❽ 스킵플로어로 나누는 공간 역할. 대지의 큰 고저차를 활용해 스킵플로어 구조로 사적공간과 공적 공간을 영리하게 구분해줬다. 오른편 계단은 공적공간인 식당으로 통하며, 그 사이 도어를 둬 필요할 때는 열고 닫아 분리해준다. 왼편 계단으로는 아이들 방으로 이어지며 넓게 개방돼 안심하고 지켜볼 수 있다.

❾ 두 가족이 함께 쓰는 주방이기에 넉넉하게 면적을 할당했다. 식탁 위에는 천창을 둬 자연광으로도 식당은 늘 밝다.

❿ 독서와 놀이를 함께 하는 계단식 단차 공간. 1층에서 스킵플로어로 반층 아래로 내려간 레벨에는 가족 모두가 앉을 수 있을 만큼 긴 계단을 벤치로 삼은 독서공간과 함께 널찍한 다용도 실내 놀이마당을 두었다. 바깥 마당이 추울 때면 이곳에 장난감을 늘어놓고 갖가지 놀이를 즐기며, 날이 따뜻해지면 문을 열고 긴 테라스를 오가며 활동 범위를 넓힌다.

⓫ 오가며 자연스럽게 생기는 독서 습관. 복도 중간에는 윈도우시트와 책꽂이, 밖으로는 툇마루를 둬 자연스럽게 책 읽는 습관을 만들어주고자 했다.

⓬ ⓭ 아이의 성장에 맞춰 변화하는 공간. 지금은 아이들이 어려 방을 나눠 쓰지 못하지만, 크면 슬라이딩 월로 쉽고 자유롭게 공간을 열고 막을 수 있다. 안쪽 공간은 외부 창이 적어 채광이 어려울 수 있었는데, 여기에 개폐가 가능한 천창을 둬 채광 부담을 줄였다.

⓮ 열린 공간으로 구성된 부부 침실 공간들. 젊은 건축주의 성향을 반영해 드레스룸, 침실, 욕실은 문이 없는 오픈 구조로 형성해 넓고 시원한 분위기를 연출했다. 이런 열린 공간들은 바쁜 시간에 아이들을 챙기기에도 더 편리하다.

⓯ 땅과 맞닿는 부분의 습처리. 경사지 건물에 생기는 지하 옹벽은 습기를 머금어 곰팡이나 벌레를 유인할 수 있다. 이를 방지하기 위해 옹벽과 건물 사이를 분리했다. 이 복도는 빛과 바람이 통하는 공간이면서 1층에 자리한 형 세대에서는 바깥으로 바로 나갈 수 있는 통로기도 하다.

⓰ 가족이 모두 어울리는 미디어룸. 계단형 취미실은 공적공간과 사적공간의 완충 역할을 하는 동시에 영화나 게임을 즐기는 취미 공간이 된다.

⓱ 식당 전면에는 기존 대지에 있던 소나무로 차경(借景)을 연출했다.

마당에서 누리는 액티비티. 아이를 위해 조성한 모래밭과 그네, 그리고 공간들. 널찍한 공간 덕분에 물놀이도 즐기고 트램펄린도 넉넉하게 둘 수 있다.
가운데 대나무가 자라는 보이드 공간은 자칫 어두울 수 있는 마당에 공간은 빛 우물이 되어준다.

©최진보

SECTION

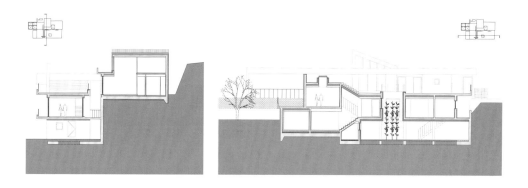

PLAN

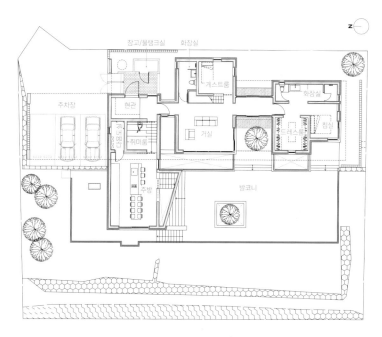

2F - 164.50m²

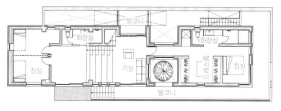

1F - 126.87m²

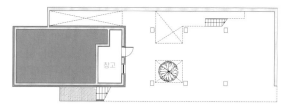

B1 - 14.04m²

두 개의 마당을 품은 집
MAKI DESIGN HOUSE

밖에서 보면 알 수 없다.
꼭꼭 숨겨둔 이 집의 진가를.
대문을 열면 반겨주는
앞마당과 일상에 생기를
더하는 중정까지,
자연을 품은 집은
도심 속 새로운 하루를
선물한다.

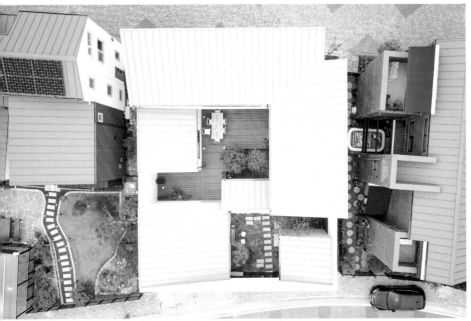

❶❷ 단정한 주택 외관. 하늘에서 보면 두 개의 마당을 품은 구조가 한눈에 들어온다.

❸ 건물로 둘러싸인 중정은 데크를 깔아 내외부 출입이 자유롭다.

❹ 대문을 열면 마주하는 앞마당 풍경.

"주택에 살고 싶은 로망이 있어 단독주택이나 타운하우스를 많이 보러 다녔어요. 그러다 우연히 이 동네를 만났고, 도심 인프라가 잘 갖춰져 있으면서도 조용해서 마음에 들었지요." '마키디자인스튜디오'를 운영하는 패브릭 가방 디자이너 송홍숙 씨. 그녀는 김포 운양동에 남편과의 단란한 일상을 이어갈 새 보금자리를

대지위치	연면적	구조	창호재
경기도 김포시	202.97㎡(61.40평)	기초 - 철근콘크리트 매트기초 / 지상 - 경량목구조 외벽 2×6 구조목 + 내벽 S.P.F 구조목 + 지붕 2×12 구조목	살라만더 3중 시스템창호 82㎜ 외부 래핑
대지면적	건폐율		철물하드웨어
295.60㎡(89.42평)	47.17%		심슨스트롱타이, 탐린, 메가타이
건물규모	용적률	단열재	에너지원
지상 2층	66.38%	THK155 나등급 단열재	도시가스
거주인원	주차대수	외부마감재	
2명(부부)	2대	외벽 - 지정 벽돌타일 / 지붕 - 알루미늄 징크 0.7t	
건축면적	최고높이		
139.45㎡(42.18평)	8.5m		

마련했다. 남편은 어릴 적 주택에 살았지만, 자신은 아파트에만 살았던지라 처음엔 주택 생활에 잘 적응할 수 있을까 하는 의구심이 있었다고. 그래서 부부는 먼저 타운하우스에 살아보기로 했고, 이사 후에는 시간 날 때마다 주변 주택단지를 산책하며 매물로 나온 토지의 장단점을 유심히 살폈다. 그러다 만난 땅이 바로 이곳이다.

부부는 토지 계약 전에 건축가를 먼저 알아보았다. 새집은 간결한 디자인에 내추럴함을 간직한, 오래도록 질리지 않는 스타일이었으면 했다. 무엇보다 두 사람의 삶의 터전이자 놀이터인 집, 집에 나를 맞춰가기보다 나에게 꼭 맞춘 집을 짓고 싶었다. 알아본 곳 중 일반적이고 평이한 집을 짓는 곳은 제외하고, 눈여겨본 세 곳의 건축사무소와 미팅을 마쳤다. 그리하여 연을 잇게 된 곳은 ㈜하눌주택. 작업의 디자인 요소가 정갈했고, 부부의 머릿속에 있는 집을 잘 이해하고 풀어줄 수 있으리란 믿음이 생겼다는 후문이다.

이웃 간 거리가 멀지 않은 도심 주택단지의 필지는 보안과 프라이버시를 확보하는 게 관건. 두 개의 마당을 품은 집은 외부에서 보면 사방이 벽으로 둘러싸여 어디에서도 내부가 들여다보이지 않는다. 밝은색 벽돌과 금속지붕은 자칫 답답해 보일 수 있는 외관 디자인의 무게감을 덜어내고 경쾌한 느낌을 준다. 대문을 열고 들어서면 작은 앞마당과 독립된 건물로 마련한 아내의 스튜디오가 한쪽에 자리하고, 한 번 더 문을 열면 2층 규모의 집과 아늑한 중정이 펼쳐진다. 누구의 시선으로부터 방해받지 않고 오롯이 부부만이 즐길 수 있는, 온전히 거주자 의도에 의해 주변과 소통이 이루어지는 집이다.

내부마감재
벽 – LX하우시스 실크벽지 베스띠 / 바닥 –
동화자연마루 강마루 네스티 리얼티크 K533

욕실 및 주방 타일
지정 수입타일

수전 등 욕실기기
대림바스

주방 가구
아파트멘터리

거실 가구
little sister furniture

조명
을지로

계단재·난간
화이트 평철 난간

현관문
에이보 프리미엄 현관문 포인트버티컬

중문
제작도어

방문
예림도어

붙박이장
한샘

데크재
뉴테크우드코리아

사진
김한빛

설계
㈜하눌건축사사무소

시공
㈜하눌주택
www.hanulhouse.com

큰 창 너머 펼쳐지는 데크 마당. 집 안
어디서든 중정의 풍경을 누릴 수 있다.

5

6

7

8

9

안으로 들어서면 ㄷ자로 마당을 감싸며 거실-다이닝-주방-복도-침실의 공간이 이어진다.
중정에는 집 안에서 더욱 자유롭게 드나들 수 있도록 데크를 깔아 주택 생활이 한층
풍성해졌다. 2층은 음악에 관심이 많은 남편을 위한 취미 공간으로 꾸몄다. 특히 음악실은
각종 음향기기와 스피커 등을 멋스럽게 연출할 수 있도록 층고를 높게 계획하고, 천장까지
이어지는 선반에 입주 전 남편이 손수 제작한 사다리를 놓아 꿈꾸던 공간을 완성했다.
"새벽에 눈이 저절로 떠져요. 일찍 일어나 집과 함께하는 시간을 마음껏 누리고
출근하지요."
내 집에서 계절을 만끽하며 커피 한잔하는 지금의 행복한 생활이 꿈같기만 하다는 부부.
두 사람의 취향을 고스란히 담은 집은 인생의 큰 선물이 되었다. 모든 과정을 지켜본
송홍숙 씨의 언니도 맞은편에 집을 지어 이사했다고. 덕분에 플로리스트인 언니와의
근사한 협업도 자주 이루어지고 있는 요즘이다. 삶에 꼭 맞춘 집이 가져다준 변화는
이리도 매일 새롭고 싱그럽다.

❺ 남편의 취미를 위한 음악실과 다용도의 방을
마주보게 배치한 2층. 주변 풍경을 누릴 수 있는
가족실이 그 가운데 자리한다.

❻ 주방에서 거실을 향해 바라본 모습. 맞은편에는
천장까지 높게 이어지는 창이 앞마당과 햇볕을 가득
담아낸다.

❼ 내추럴한 디자인이 돋보이는 주방과 다이닝 공간.

❽ 음악실에서도 거실을 향한 세로창과 중정을 향한
전면창 너머로 다양한 뷰를 보며 외부와의 소통을 즐길
수 있다.

❾ 패브릭 가방 디자이너인 아내의 스튜디오. 독립된
공간이라 집 안으로 들어가지 않고 지인들을 만날 수
있다.

❿ ⓭ 1층 가장 내밀한 곳에 자리한 안방. 간살문을 열고
들어와 측면의 짧은 복도를 지나면 침실이 있다.

⓫ ⓬ 간살문을 열면 안방과 연결된 오픈 수전과 욕실,
드레스룸이 나타난다.

15

16

SECTION

① 쇼룸 ② 현관 ③ 거실 ④ 다이닝 ⑤ 주방 ⑥ 홀 ⑦ 안방
⑧ 드레스룸 ⑨ 욕실 ⑩ 방 ⑪ 음악실 ⑫ 가족실

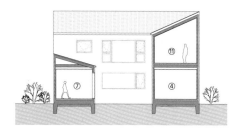

PLAN

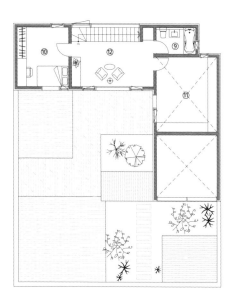

2F - 63.52m²

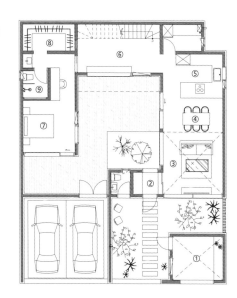

1F - 139.45m²

⓮ 집 안으로 들어서면 거실-주방-다이닝이
하나로 이어지며, 거실은 오픈 천장의 시원한
공간감을 자랑한다.

⓯ 계단실에는 도로면으로 창을 내어 개방감과
채광을 확보했다. 난간은 외부 시선을 적절히
가려주는 가벽 역할을 한다.

⓰ 계단실 옆 복도. 창가에 작은 테이블과 라운지
체어를 두어 간단한 휴식공간을 마련해두었다.

건축가의 집
진진가

우아한 곡선과
절제의 절묘한 조화가
균형을 이룬다.
군더더기 없는 디자인과
디테일 마감에는
건축가의 치열한
고민과 세심함이
그대로 녹아있다.
진진아키텍츠
김연희 소장의 집이다.

❶ 깨끗한 입면과 부드러운 곡선이 만나는 집의 첫인상. 길게 열린 옥상 파라펫이 개방감을 더해준다.

❷ 모퉁이 부분은 안으로 오목하게 곡선을 내어 입면에 재미를 주었다. 도로에 접한 면의 창은 최소화했다.

❸ 길 모퉁이를 돌아 안쪽에 자리한 대문. 주차할 때는 전체가 슬라이딩으로 완전히 열린다.

❹❺ 현관부와 마당에서 바라본 주택. 현관과 마당 쪽 외벽 모두 이페로 마감했는데, 햇볕 노출이 많은 외벽 부분은 규화제를 발라 자연스러운 색 변화를 유도했다.

대지위치 경기도 용인시	**연면적** 226.97㎡(68.66평)	**구조** 기초 - 철근콘크리트 매트기초 / 지상 - 철근콘크리트	**열회수환기장치** 경동 나비엔 청정환기 시스템
대지면적 235㎡(71.08평)	**건폐율** 47.79%	**단열재** 준불연 비드법 단열재 135mm(가등급)	**에너지원** 도시가스
건물규모 지상 3층	**용적률** 96.58%	**외부마감재** 벽 - STO 외단열시스템, 이페 위 규화제 / 지붕 - 컬러강판	**조경석** 사괴석, 마사(10mm 이하)
거주인원 3인(부부 + 자녀 1)	**주차대수** 2대		**데크재** 참우드 THK19 이페
건축면적 112.3㎡(33.97평)	**최고높이** 9.73m	**창호재** 아키페이스 시스템창호(알루미늄, 3중 유리)	**설비** 삼정설비, 한양전력

자신의 집을 지으며 화려한 독립을 알리는 건축가들이 왕왕 있다. 이때 보통은 그 집이 첫 주택 포트폴리오가 되곤 한다. 그런데 여기, 주택을 주로 작업하는 사무소에서 차곡차곡 쌓은 경험치와 감각적 취향을 응축해 지은 건축가의 집이 등장했다. 잘 정비된 주택 단지, 도로에 면한 모퉁이 땅에 단정한 흰색 건물이 시선을 끈다. 오목하거나 부드럽게 감싸는 곡선, 디테일이 최소화된 매끈한 입면은 각도에 따라 다양한 얼굴을 보여준다. 과연 그 속은 어떨까, 호기심이 차오르던 차. 집주인, 진진아키텍츠 김연희 소장을 만났다.

근사한 갤러리에 온 듯하다. 특히 곡선 계단이 인상적인데

주택을 설계할 때 이런 곡선을 쓰기가 쉽지 않다. 네모반듯한 아파트 주거 경험이 대부분인 건축주들은 대개 곡선을 어색해한다. 그런데, 동선을 생각해보면 사람이 직선, 직각으로 움직이진 않나. 개인적으로 좋아하는 스페인 건축가로부터 영감을 받기도 했지만, 도로에 접한 모서리를 역으로 오목하게 하고 거기에 계단실을 두어 곡선 계단이 생겼다. 층별로 똑같은 곡률이면 좁고 높게 느껴지니까 곡률을 달리하다 보니 더 많아지기도 했다. 내가 원래 곡선을 많이 쓰는 건축가인 줄 아는 분도 있는데, 아니다. 우리 집에 제일 많다(웃음).

그런데 과하다는 느낌이 없다

단독주택에는 천장의 높이 차이로 다양한 변화를 주기도 한다. 이 집에는 곡선이 많아 천장은 일자로 평평하게 가고, 대신 바닥에 단차를 주었다. 가능하면 공간이 심플하고 미니멀했으면 했다. 늘 추구해온 디자인 지향점이기도 하다.

미니멀의 정점은 외관 아닌가 싶다

도로에 접한 외벽에는 창과 환기구를 최소화했다. 1층에는 복도 창만 있고, 2층은 꼭 필요한 환기창 위주로 냈다. 가장 큰 창은 안방 고측 창으로, 딱 하늘만 보이는 창이다. 창 계획만 해서는 이런 입면이 나오지 않는다. 보일러 연도나 도시가스 배관, 우수관 등이 밖으로 드러나지 않도록 현관문이나 마당 쪽으로 연결하거나 벽에 매립했다. 나중에는 옮기기 힘들기 때문에, 설계자가 꼼꼼히 챙겨야 할 부분이다.

이 집을 지으면서 건축사사무소를 열었다고

정림건축, 조성욱건축사사무소를 거쳐 2년 정도는 프리랜서로 일했다. 집을 짓게 되면서 도중에 프로젝트 수주가 되면 사무소를 오픈하고, 아니면 다시 직장을 알아볼 생각이었다. 그런데 정말 우연히 세 건의 프로젝트를 수주했다. 모두 우리 집 공사 막바지일 때 현장에 와서 보고 계약하게 됐다. 집이 복덩이다.

주택 전문 건축사무소를 다닌 경력이 있는데

경력 10년 차 정도 되었을 때, 주택 건축을 전문으로 하는 조성욱건축사사무소에 들어갔다. 나중에 독립해 사무실을 차린다면 주택 규모의 작업을 할 수 있지 않을까 하는 생각으로 많이 배웠다. 조성욱 소장님은 내게 멘토 같은 존재이기도 하다. '무이동'을 지었던 소장님처럼 나도 언젠가 내 집을 지어서 그 자체가 포트폴리오가 되면 좋겠다고 막연히 생각했었다.

내부마감재
벽·천장 - KCC 친환경 도장 / 바닥 - 1층 : 비스타
수입타일, 2층 : 더존 원목마루

욕실 타일
바스디포 수입타일

욕실기기
수전 - 콰드로 / 욕실기기 - 아메리칸스탠다드

주방 가구
우림퍼니처(도어 - 퀄커스 건식무늬목, 주방 상판
- 덱톤 세라믹 타일)

거실 소파
잭슨카멜레온

식탁
로이스토 제작

조명
다이닝 - 비비아 플라밍고1550 / 안방 -
루이스폴센 PH3/2 / 욕실 - 아르떼미데
디오스쿠로이

계단재·난간
롤카펫(유앤어스) + 각파이프 도장 난간

현관문
단열방화문 제작

중문
금속자재 + 도장 마감 + 강화유리

방문
MDF + 퀄커스 건식무늬목

붙박이장
리케 Join System

스위치·콘센트
Jung(융)

구조설계(내진)
은구조

사진
변종석

시공
㈜자담건설

조경·설계·감리
아키텍츠진진
www.architectszinzin.com

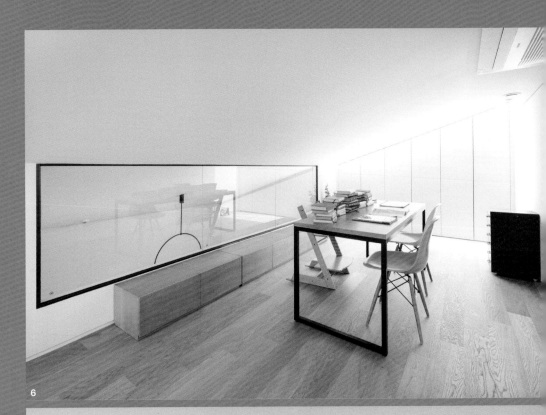

6

❻ 천창과 경사지붕이 있는 3층 공간은 가족의
서재로 쓴다.

❼ 다용도로 쓰는 3층 공간. 옥상에는 해먹, 타프
등을 설치해 근사한 루프탑을 만들어볼 계획이다.
계단실 곡면 벽에는 외부 마감재인 백색
플라스터(sto)를 적용했다.

❽ ㄱ자로 마당을 감싸안은 거실과 주방은 바닥
높이에 차이를 두어 영역을 구분했다. 소파와 TV,
스피커, 다이닝 조명 등은 설계 계획 때부터 염두에
두었던 아이템들이라고.

❾ 마당과 연계된 11자형 주방. 자연스러운 질감의
오크로 가구를 제작했다.

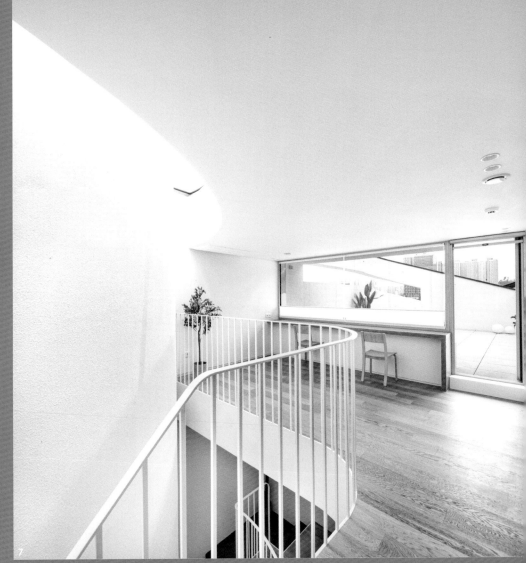

7

8

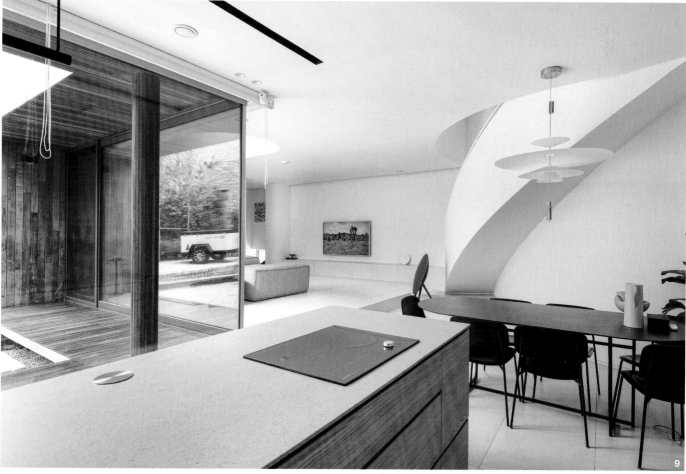

9

이제 그 꿈이 실현되었다

현실적으로 어려울 것이라 여겼는데, 대출 등의 여러 방법을 모색하면서 가능하게 됐다. 원래 이 근처에 살아서 오가며 이런 택지가 있는 것만 봤다. 그러다 더 알아보니 조용하고 아이 학교도 가깝고 서울도 멀지 않았다. 도심 속 주택은 프라이버시를 지켜주는 동시에 개방적이어야 한다고 생각한다. 이 땅이 마침 ㄱ자 중정형이 나올 수 있는 곳이었다. 여러모로 가성비가 아주 좋은 땅이다.

내 집을 직접 설계하는 일은 어땠나

그동안 했던 요소들을 마음껏 넣으면 곧장 공사비와 연결되는 걸 아니까 처음에는 드로잉 자체를 못하겠더라. 공사비 때문에 착공까지 약 1년 걸렸는데, 설계만 8개월 정도 한 것 같다. 오가며 차 안에서 스케치도 하면서 내 집이라 시간적 여유가 있으니까 수정에 수정을 거쳐 설계가 많이 정리되었다. 1층은 거의 그대로지만, 2층 레이아웃은 초안과 많이 달라졌다.

가족의 요구사항은 없었나

아이는 특별히 없었고, 남편의 요청으로 마당을 최대한 확보하는 게 미션이었다. 다행히 이 지역 도로에는 인접 대지 이격만 있어서, 건물을 도로 쪽으로 최대한 붙일 수 있었다. 또 대지가 북쪽이라 정북 일조의 영향도 받지 않아 다른 집보다 마당이 넓은 편이다. 그 외 소소한 요청과 협의가 있었다.

조금 특별한 건축주였을 것 같다(웃음)

남편이 건축주라 쉬울 줄 알았는데, 여느 건축주와 다르지 않았다. 무엇보다 건축가와 일반 건축주의 시선이 아주 다르다는 걸 깨달았다. 이곳이 1m 이상 단차가 있는 대지인데, 툇마루가 있는 한옥 마당을 좋아하는 나로서는 오히려 환영이었다. 내부 단차도 트인 공간에 영역을 구분하는 역할을 해서 여러모로 잘 되었다고 생각했다. 그런데 남편은 아이가 위험하지 않을까, 괜히 좁아 보이지 않을까, 정확한 단 높이는 얼마냐, 매일 곁에서 사소한 것까지 물어왔다. 이렇게까지 세세히 설명하는 일이 어렵기도 했지만, 설득 과정에서 설계도 조금씩 진화한 것 같다.

집에서 가장 마음에 드는 공간은

곡선 계단실이다. 위에 천창이 있는데 그곳에서부터 빛이 은은히 떨어진다. 내가 의도한 건 아니지만, 구름의 모양에 따라 빛이 달라지기도 한다. 그런 간접광이 참 좋다. 갤러리 같다고 하셨는데, 직사광선이 없어서 그렇게 느끼지 않았을까 싶다. 주택에서는 남향 창만 중요한 게 아니다. 아파트와 달리 사방에 창을 낼 수 있어서 다양한 방향으로의 창을 많이 유도하는 편이다.

계단에 카펫을 깔았더라

어렸을 때 친척 집에 갔다가 카펫 계단에서 엉덩이로 미끄럼을 타던 기억이 남아 있다. 우리 집에도 카펫 계단을 하면 맨발로 생활할 때 폭신한 느낌이라 더 좋을 것 같았다. 곡선 계단이다 보니 디딤판을 하기가 쉽지 않았고, 한다 하더라도 마감 퀄리티를 보장할 수 없기도 했다. 청소를 담당하는 남편이 반대했지만, 열심히 설득했다. 지금은 가족은 물론 보는 분마다 만족스러워한다.

⑩ 집 안으로 들어오면 긴 복도를 지나 거실로 진입하게 된다.

⑪ 현관에는 센서 조명과 가죽 벤치를 공간에 맞춰 제작했다.

⑫ 2층 취미실 빈백에 앉으면 복도 창 너머로 마당이 보인다.

⑬ 타원형 오프닝을 통해 내려다보이는 1층 거실.

⑭ 2층 메인 욕실에서 바라본 모습. 미니멀한 곡선의 재미를 느낄 수 있다.

⑮ 유려하게 펼쳐지는 곡선 계단. 천창의 빛이 은은하게 떨어진다.

마당에 소형 캠핑 트레일러가 있던데

가족이 캠핑을 자주 다녔다. 이사 오면 필요 없으니까 팔려고 했는데, 나름 짐이 많이 들어가서 창고 삼아 두었다. 그러고 보니 여기 마당에서 캠핑용품을 다 쓴다. 고기도 구워 먹고 장작불도 피우고 하니까 근거리 캠핑은 갈 일이 없다. 사실 캠핑은 짐 싸고 가는 게 일인데, 가서 잠깐 누리는 휴식이 좋아 힘들어도 가는 거다. 이제 내 집 마당이라는 단독 캠핑장이 있어서 정말 좋다. 집 짓고 소소하게 행복하다.

아쉬운 점은 없는지

공사비를 너무 타이트하게 설정해서 선택의 폭이 좁긴 했는데,

한정된 예산 안에서 선택과 집중을 했던 터라 아쉬운 점은 딱히 없다. 시공 단가에 비해 퀄리티 잘 나왔다는 말을 들을 때마다 기분이 좋다.

비로소 내 집을 지어본 소감은

공사 내내 현장 소장과 컨테이너에 상주하며 시공 디테일과 마감에 공을 들였다. 건축주이자 설계자 역할을 동시에 하다 보니 공사비 관련 문제나 공사 중 변경사항에 대한 고민을 조금 더 직접적으로 하게 되더라. 힘들었지만, 현장에서 많이 배웠다. 현재는 다수의 주택 프로젝트를 열심히, 즐겁게 하고 있다. 앞으로 상업공간이나 문화공간 등 더 다양한 프로젝트에 도전해보고 싶다.

SECTION

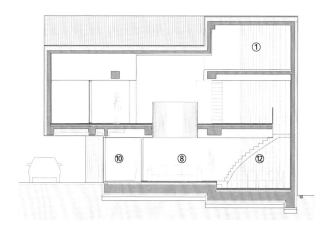

PLAN

2F - 108.4m²

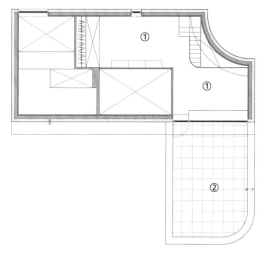

3F - 40.09m²

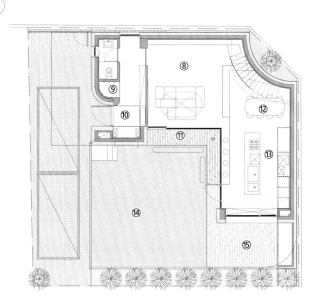

1F - 78.48m²

①서재 ②옥상 ③안방 ④드레스룸 ⑤세탁실 ⑥취미실 ⑦아이방
⑧거실 ⑨수납 ⑩현관 ⑪툇마루 ⑫다이닝 ⑬주방 ⑭마당 ⑮데크

두 지붕 한 가족
경사지를 활용한 주택

대지 한계를
독특한 방법으로
극복한 집.
주변 풍경을 끌어들이면서
경사지를 활용한
랜드마크형 농가주택이
탄생했다.

2 ©고영성

3 ©고영성

1.

대지위치	연면적	구조
제주특별자치도 제주시	179.37㎡(54.25평)	기초 – 철근콘크리트 매트기초 / 지상 – 철근콘크리트
	건폐율	외부마감재
대지면적	12.60%(법정 20%)	치장벽돌
980㎡(296.45평)	용적률	창호재
건물규모	17.95%(법정 60%)	윈센 24㎜ 로이복층유리
지상 3층	주차대수	
건축면적	1대	
118.03㎡(35.70평)		

제주 이주 4년 차인 안인경 씨는 타고난 단독주택
생활자이다. 육지에서도 시골 1,000평 땅에 감자,
콩 등을 심어 팔거나 주변에 나눠주던 도시농부
그녀는 서른 살 때부터 제2의 인생과 노후에 살
전원주택에 대한 고민을 하곤 했다. 그러다 이주
붐이 일기 전인 2010년대 초반, 문득 미용실에서
가수 장필순 씨의 기사를 보고선 남편을 설득해
제주에서 나머지 인생을 보내기로 결심한다. 집만
짓지 않았을 뿐 자연과 가까운 삶은 언제나
준비되어 있었고, 주경야독을 통해 생계를 위한
자격증도 정해 두었다. 6년 전 미리 사둔 땅은 제주
시내와 가까운 중산간지역으로, 남쪽에 한라산이
위치한 북사면이라 배치나 채광이 쉽지 않은
조건이었다. 설계를 맡은 포머티브건축사사무소의
고영성·이성범 소장은 "채광에는 불리할 수 있으나
반대로 주택 일부 전면에 개구부를 최소화하여
상징적인 입면을 만들고, 동서 방향으로 창을 내어
주변 풍경을 끌어들이는 방법을 제안했다"고
설명하였다. 말로만 듣던 아이디어를 설계안으로
봤을 때, 당황하지 않았다면 거짓말일 것이다. 인경
씨는 "솟대처럼 올라온 건물과 미로처럼 꺾인
복도가 처음에는 생소"했지만, "요즘 집은
아이덴티티가 없잖아요. 비슷한 아파트 평면에서
오래 살았고요. 제가 본 것 안에서만 납득하고
수용할 거라면 전문가에게 설계를 맡길 필요가
없다고 생각했어요."라며 처음 이주를 선언했을
때만큼 뚝심 있게 건축가의 제안에 힘을
실어주었다.

❶ 집의 아이덴티티가 되어주는 벽돌 매스. 예각의 삼각형
평면은 실내에서 옷장으로 활용된다.

❷ 곶자왈의 미묘한 변화를 만끽하기 좋은 1층 옥상. 하늘이
맑은 날에는 멀리 바다도 감상할 수 있다.

❸ 왼편 바깥에 수돗가, 오른편 실내에 세탁실 및 욕실이
있어 야외 활동 후 드나드는 출입구로 사용하기 좋다.

❹ 서로 다른 단층집과 3층 집이 붙어 있는 것 같은 외관. 두
지붕에 한 가족이 산다.

❺ 매스의 모서리는 현관부를 향해 집중되어 있다. 정원에서
빛을 발하는 그라스, 라벤더, 허브, 올리브나무 등은 건축주가
직접 심고 가꾼 결과다.

❻ 마치 떠 있는 듯한 1층 외부 공간 바닥. 천장 역시 각을
주어 처마 역할을 하면서 안에서 밖을 바라볼 때 막힘이 없다.

내부마감재
수성페인트 도장

욕실 및 주방 타일
대선세라믹타일

수전 등 욕실기기
더존테크

붙박이장·주방 가구
제작 가구

조명
을지로 다음조명

계단재·난간
THK30 라왕 집성목 + 평철 및 환봉

현관문
성우스타케이트 현관문

중문·방문
제작 슬라이딩 도어

사진
변종석, 고영성

시공
대흥건설 전성호

설계
포머티브건축사사무소 고영성, 이성범, 한수정
www.formativearchitects.com

태풍의 위험이 도사리는 제주. 3면의
풍경을 포기할 수 없어 풍압 설계를
거치고, 육지보다 더욱 보수적인
방법으로 창호를 시공했다.

7 8

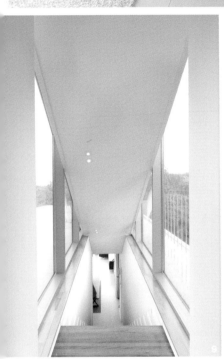

9 10

상징적인 느낌의 현관을 통해 집으로 들어가면 두 개의 긴 복도를
거친다. 이는 가족 구성원들의 생활 공간을 겹치게 만들어 우연한
만남을 극대화하기 위한 장치다. 아이들은 자기 방까지 가기 위해
반드시 안방과 거실을 거쳐야 한다.

현관부터 순차적으로 레벨이 높아지는 주택은 경사지를 적극 활용,
스킵플로어 방식으로 공간을 채워 넣었다. 복도를 지나 계단 네
개를 오르면 탁 트인 전망이 압권인 주방과 거실이, 2층으로
올라가면 가족실이 있다. 가족실 아래에 아들 방을, 위로 올라가면
딸의 방을 두었고, 그사이에 작은 화장실을 배치했다. 사적인 영역
전체가 붉은 벽돌 건물에서 작동하는 셈이다.

시골과 자연이 좋아서 반(半)농부가 될 생각으로 왔기에 외부와의
관계 역시 중요했다. 집에서도 계절의 변화를 느낄 수 있도록
콘크리트 부분인 거실의 동, 남, 북쪽으로 창을 크게 내었다. 1층

복도 옆에는 정원일이나 밭일 후 신발을 툭툭 씻을 수 있도록 외부
수돗가도 설치했다.

집 바로 앞 150평의 텃밭에서는 무, 배추, 봄동, 시금치, 대파 등을
기르고, 구좌에서는 당근을 캐다가 먹으며 작년에는 무농약 귤
4톤을 생산해 다 팔아치웠다. 이 모든 것이 생업을 하면서 주말에만
일해 얻은 성과다. 정원 역시 돌담만 업자에게 맡기고 잔디부터 풀
한 포기까지 모두 직접 심었다. 요즘 유행인 그라스부터 강원도
고성에서 라벤더를, 전북 고창에서 엔젤블루를 공수할 정도로
정성을 쏟았다.

집짓기라는 큰일을 무사히 치렀으니 이제 진짜 좋아하는 정원과
텃밭 일에 더욱 매진할 거라는 인경 씨의 손은 따뜻한 봄을 맞아
더욱 바빠질 기세다.

단독 · 전원주택 설계집 A2

경사지를 활용한 주택

❼ 분리하지 않고 통합한 거실과 주방/식당

❽ 1층 현관을 지나 거실을 향하는 복도

❾ 1층과 2층을 연결하는 계난 상부 양쪽에
창을 내어 채광과 전망을 확보했다.

❿ 거실에서 확장된 듯한 1층 발코니는
걸터앉기 좋은 장소

⓫ ⓬ 2층 가족실을 중심으로 위아래 방이
하나씩 있다.

13 ©고영성

14

SECTION

①현관 ②창고 ③침실 ④파우더룸 ⑤드레스룸 ⑥화장실 ⑦다용도실
⑧거실 ⑨주방 및 식당 ⑩외부 테라스 ⑪가족실 ⑫다락

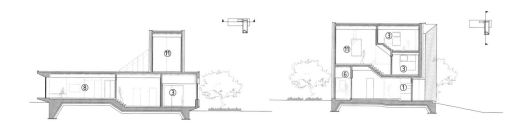

PLAN

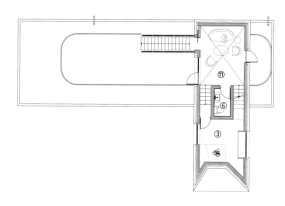

2F - 38.85m²

3F - 18.93m²

1F - 110.02m² + 7.83m²

⑬ 집 단독으로 보면 거대해 보일 수 있지만,
마을 전체를 두고는 크게 이질적이지 않은
모습이다.

⑭ 하늘에서 바라본 주택의 모습. 1층 매스와
3층 매스의 'ㄱ'자 배치가 뚜렷하다.

경사지에 얹은 자연 한 채
무주 오연재[五然齋]

경사지를 최대한
훼손하지 않고
무심한 듯
중첩된 매스가
풍경 속에 자연스럽게
녹아든다.

		구조
대지위치	**연면적**	기초 - 철근콘크리트 매트기초 / 지상 -
전라북도 무주군	190.75㎡(57.80평)	철근콘크리트(벽) + 무근콘크리트(지붕)
대지면적	**건폐율**	**외부마감재**
999.57㎡(302.9평)	17.37%	외벽 - 외단열시스템 + 세라믹 와이드롱타일 블랙 /
건물규모	**용적률**	지붕 - 노출콘크리트 위 우레탄도막방수
지상 2층	19.08%	**창호재**
거주인원	**주차대수**	공간 창호 알루미늄 시스템창호 3중유리
4명(부부 + 자녀 2)	2대	**토목**
건축면적	**최고높이**	강산건축토목
173.68㎡(52.63평)	7.2m	

겨울 산이 특히 아름답기로 소문난 전라북도 무주. 고향으로 귀촌한 건축주 부부는 2년 전 한 번 상담한 적 있는 건축가를 다시 찾아간다. 그 사이 구입한 산골 중턱의 경사가 꽤 있는 대지와 함께.

땅은 동쪽으로 흐르는 경사면에 대지 내부의 높이 차가 6m 정도일 정도로 조건이 까다로웠지만, 남쪽과 동북쪽에 전망과 향이 좋아 장점을 살리는 방향으로 잡는다면 충분히 매력 있는 집이 되리라고 건축가는 생각했고, 이 프로젝트에 동참한다.

두 살 터울의 아들 둘을 둔 부부는 이 좋은 전망을 많은 사람과 함께 나누고자 거주 공간과 분리된 게스트하우스를 요청했다. 다만, 추후 생활의 변화가 있을 때를 대비해 내부적으로 연결할 수 있길 원했다. 때문에 진입하는 외부 동선은 서로 분리하되, 내부에서는 서로 통해야 한다는 만만치 않은 숙제가 생겼다.

경사지, 두 개의 영역을 따로 또 같이 쓰는 조건 속에서 건축가는 배치와 공간 구성에 주목했다. 설계를 맡은 제로리미츠 건축사사무소 김종서 소장은 "지형을 거스르지 않고 자연스럽게 어우러질 것, 사계절 다른 모습을 보여주는 덕유산의 산세를 최대한 누릴 수 있는 것"을 바탕으로 각기 다른 레벨의 마당을 가진 매스를 제안했다고 설명한다.

❶ 여름에는 청량한 초록과 어우러져 그에 맞는 경쾌한 분위기를 내는 주택

❷ 경사지라는 대지의 조건을 각기 다른 레벨의 마당을 가진 중첩된 매스로 풀어냈다. 수평성이 강조된 노출콘크리트와 세라믹 타일 역시 인상적이다.

❸ 1층 게스트하우스 코너 창 자리, 툇마루에서 바라본 풍경. 정면에 있는 나무는 집을 짓기 전부터 대지의 경계를 지키던 고목이다.

DIAGRAM

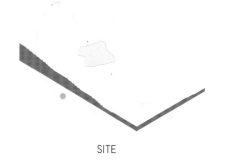
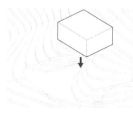

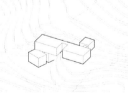

SITE　Making a basic box　Transforming to the terrain　Adding design according to function

내부마감재
벽 - 한화 수성 페인트 / 바닥 - 온돌마루, 포세린
타일 등

욕실 및 주방 타일
JS타일 수입 포세린 타일

수전 등 욕실기기
계림도기 등

주방 가구
스크랩우드 901

조명
LED T5, 75mm 매립등

계단재·난간
미송

현관문
신진도어

중문 및 방문
영림도어

붙박이장
자작나무 합판 현장 제작

데크재
19mm 방부목 오일스테인

구조설계(내진)
㈜이든구조

사진
김종서(별도표기 외)

시공
건축주 직영

설계담당
김종서, 이연진, 조은서, 이혜빈, 엄윤하

설계
㈜제로리미츠건축사사무소
www.ZLarchitecture.co.kr

벽난로가 훈훈한 분위기를 더하는 2층
거실. 조망을 위해 모든 코너 창은
프레임 없이 시공했다.

5

덕유산 전망의 남향을 따라 배치한 1층과 정동향의 축을 유지한 2층이 서로 중첩되어 마치 경사지에 살포시 얹어진 것 같은 품세는 그렇게 탄생되었다.

평지가 아닌 경사지 땅이라 가능한 건축적 대안을 고민하면서 자연에 순응하는 구성을 갖추고, 공간의 용도와 성격에 최대한 맞춰 반영한 결과다. 1층은 손님을 위한 게스트하우스로 거실과 주방, 침실로 간소하게 구성되었다. 실내에서는 코너 창을 통해 탁 트인 전망을 누릴 수 있는 동시에 욕실과 연결된 프라이빗한 뒷마당도 경험할 수 있다. 1층과 2층 사이에는 평소 닫아두지만, 필요 시 내부를 통해 이동할 수 있도록 계단실을 배치했다.

건축주가 거주하는 2층은 중정을 품은 긴 매스와 약간의 단차가 있는 작은 매스가 'ㄱ'자로 배치되었다. 건물 중앙으로 진입하면 오른쪽에는 풍경이 창문 가득 들어오는 거실을, 왼쪽에는 콤팩트한 주방과 다용도실을 두었고, 주방을 지나 뜻밖의 위치에 놓인 계단을 따라 오르면 부부의 침실이 별채처럼 자리한다. 매스가 분리되고 산지에 있는 집이라 외단열 시스템을 통해 단열 성능을

높이고, 노출되는 바닥 부분에도 내부 기준 이상의 단열재로 채우는 등 단순히 형태뿐만 아닌 내실까지 챙기고자 시공에 만전을 기했다.

김 소장은 이러한 배치와 공간 구성이 극대화될 수 있도록 재료 역시 디테일하게 신경 썼다고 말한다.
"봄에는 벚꽃길, 여름에는 우거진 초록, 겨울에는 새하얀 눈과 어우러지는, 그러면서도 최소한으로 가공되어 자연에 가까운 재료여야 한다고 생각했습니다."
그렇게, 골조가 곧 마감이 되는 노출콘크리트와 흙을 구워 만든 세라믹 타일 등이 외장재로 적용되었다.

부부는 아내의 서예 선생님께서 지어준 '오연재(五然齋)'라는 이름을 집에 붙였다. 산세쾌연, 수류정연, 자손덕연, 인심덕연, 고향거연, 다섯 가지가 '그러하다'는 뜻이다. 집이 놓인 모습처럼 귀촌 후 새롭게 맞이할 건축주의 생활이 원래 그러했던 것처럼 자연스럽게 이어지길 바라본다.

❺ 외부 데크까지 확장된 듯한 거실 한편, 다도(茶道)가 취미인 건축주를 위한 자리

❻ 깔끔하고 군더더기 없이 꾸민 게스트하우스 내부

❼ 매스를 분리하면서 현관에서 진입할 때 탁 트인 시선을 선사하는 프라이빗한 데크 공간

❽ 주방에서 침실로 이어지는 미니 계단실을 외부에서 본 모습. 마름모꼴 창이 재미있다.

❾ 드레스룸과 욕실을 갖춘 메인 침실

1층 게스트하우스 코너 창 자리, 툇마루에서 바라본 풍경. 정면에 있는 나무는 집을 짓기 전부터 대지의 경계를 지키던 고목이다.

SECTION

①현관 ②거실 ③주방 ④방 ⑤화장실 ⑥드레스룸 ⑦다용도실 ⑧데크

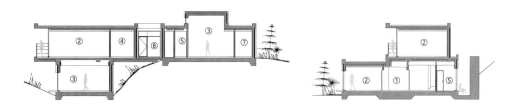

PLAN

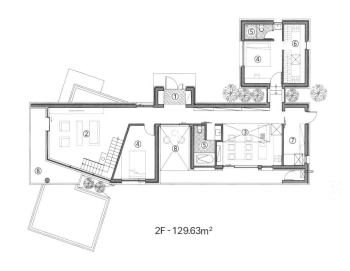

2F - 129.63m²

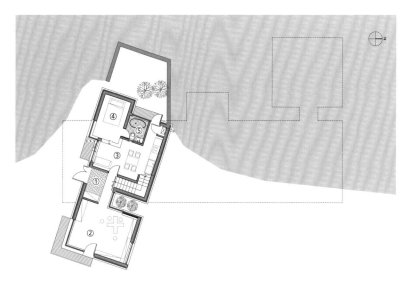

1F - 61.12m²

가족의 로망을 모두 담은 집
김포 캐빈하우스

동일한 주택을 병렬로 구성한,
일명 땅콩집이 즐비하게
지어진 마을에 조금 특별한 집
한 채가 들어섰다.
단독주택에서의 일상과
여행지에서의 휴식이
자연스럽게 조화를 이룬 곳.
평소 꿈꿔왔던 모든 것이
다섯 식구의 눈앞에
나타나 주었다.

1

아이가 없던 신혼 때부터 캠핑과 낚시를 다니며 자연을 만끽하는 삶을 즐겨왔다는 권재현, 박지혜 씨 부부. 시간이 흘러 부모가 된 순간부터 아웃도어 라이프는 그저 남의 집 이야기로 추억하고 동경할 뿐, 아들 셋을 데리고 집 밖으로 나갈 엄두는 내지도 못하는 상황이었다. 그러다 문득 '우리가 그토록 좋아하던 자연을 삶 가까이에 두고 살면 얼마나 좋을까'란 생각이 들었다고 한다. 그동안 집에만 콕 박혀 지낸 아이들에게 더 늦기 전 흙과 잔디를 밟으며 계절을 느끼고 마음껏 뛰놀 수 있게 해주고 싶었다. 그렇게 두 사람은 은퇴 후 전원에 집 짓고 살자 했던 계획을 10년 이상 앞당기기로 했다. 당장은 경제적인 부담이 있겠지만, 지금이 아니면 다시는 기회가 오지 않을 것만 같았다. 결심이 선 이후엔 다른 건축주들처럼 살 곳을 찾아 열심히 발품을 팔았고, '땅은 만나는 것'이라는 누군가의 말처럼 오랜 기다림 끝에 가족이 원하는 조건과 상황에 딱 맞는 땅을 마주하게 되었다. 물론 이게 끝은 아니었다. 몇 군데 건축사사무소와의 미팅을 통해 들은 실제 집을 짓는 데 들어가는 예산, 그로 인해 포기해야 하는 것들에 관한 많은 이야기는 현실이란 높은 벽을 실감하게 했다.

❶❷❸ 담장 설치가 불가능한 지구단위 계획구역의 지침을 해결하고자 본채와 별채를 각각 부지 양 끝에 배치하고, 그 사이를 회랑과 벽체로 연결해 마당의 프라이버시를 확보했다.

❹ 별채 바로 앞에는 데크 공간을 두어 날씨가 좋은 날이면 캠핑용품을 꺼내놓고 마당을 바라보며 홈캠핑을 즐긴다. 비가 내려도 지붕이 있어 빗소리를 들으며 운치 있는 저녁 시간을 가질 수 있다.

대지위치 경기도 김포시	**연면적** 235.27㎡(71.16평)	**구조** 기초 – 철근콘크리트 / 지상 – 경량목구조 외벽 2×6 구조목 / 지붕 2×10 구조목	**담장재** 아연도강판
대지면적 326.30㎡(98.70평)	**건폐율** 49.05%		**창호재** 이플러스 창호(하단 1면 자작 합판 마감)
건물규모 지상 2층 + 다락	**용적률** 66.24%	**단열재** 본채 – T50, T100 가등급 단열재(기초), 그라스울 T140(주건축물) / 별채 – T235 KNAUP, RSI 6.5	**에너지원** 도시가스
거주인원 5명(부부 + 자녀 3)	**주차대수** 3대		**전기·기계·설비** 코담기술단
건축면적 153.51㎡(46.43평)	**최고높이** 9.11m	**외부마감재** 본채 – 백고벽돌, 스터코, T0.7 컬러강판, T39 로이삼중유리 / 별채 – 백고벽돌	

"그래도 어딘가에는 우리 꿈을 최대한
반영해줄 건축가가 있지 않을까 하는
희망이 있었는데, 그때 유타건축사사무소
김창균 소장님을 만났어요. 나름의
로망을 마구 펼쳐놓는 무모한 예비
건축주의 바람을 온전히 다 들어주시고
어떻게 해야 할지 방향도 잘 잡아주셨죠."
건축비 마련을 위해 서울의 34평
아파트를 처분하고 경기도 외곽에서
1년을 전세로 살았지만, 한창 에너지
넘치는 아들들이 눈치 보지 않고 뛰노는
모습을 상상하는 것만으로도 완공을
기다리는 내내 행복했다는 부부다.
집은 비교적 여유 있는 부지에 건물을
짓고, 그사이 자연스럽게 남겨진 넓은
마당을 아웃도어 활동을 위한 곳 등으로
활용하면서 내·외부 공간의 연계를
높였다. 특히 마당을 감싸는 벽체는 루버
형식으로 처리하여 차폐의 기능을 가지게
함과 동시에, 목재 사이사이로 보이는
바깥 풍경은 마당을 시각적으로 확장해
미묘한 재미를 준다. 주택의 내부에서
주목해야 할 부분은
주방·식당-거실-서가로 이어지는 세 개의
레벨로 구성된 공용 공간. 내부의 깊은
풍경으로 만들어진 공간감은 풍성한
장면들을 제공하며 주택 생활의 설렘을
더한다.
사계절 다양한 방식으로 즐거움을 주는
집. 아이들의 웃음소리에 부부는 또 한 번
생각한다. 집 짓기 정말 잘했다고.

내부마감재
벽 - LX하우시스 벽지, 제일벽지 / 바닥 -
지복득마루, 노바강마루

욕실 및 주방 타일
STARON

수전 등 욕실기기
㈜바스디포

주방 가구·붙박이장
우림퍼니처 제작 가구

조명
피노 펜던트, 스톤 펜던트, 무슈 LED 매입등 10W

계단재·난간
자작 합판 마감 + 유리 난간 / 다락 - 철제 계단
+ 환봉 난간

현관문
성우스타게이트

중문
위드지스 도어

방문
자작 합판 도어

데크재
방킬라이, 포천석

배선기구
진흥전기 V시리즈 베리우스

구조설계(내진)
금나구조

사진
나르실리온

시공
㈜시스홈종합건설

설계
㈜유타건축사사무소 김창균, 최병용, 정재이
www.utaa.co.kr

❺ 현관에서 바라본 식당과 마당 모습

❻ 2층 침실은 아직 아이들이 어린 점을
감안하여 여럿이 넓게 사용하면서 다양한
활동을 담을 수 있도록 가변형 벽체를
설치했다. 대부분의 문은 포켓 도어로
깔끔하게 마감 불필요하게 시선이 갈 만한
요소를 배제하고, 문을 여닫기 위해
남겨두어야 하는 공간도 최소화했다.

❼ 내부는 세 개 레벨의 공용 공간을 가진다.
스킵플로어 개념이 적용된 반쯤 떠 있는
거실은 1층 주방·식당과 소통하며, 2층
서가와도 자연스럽게 이어진다.

❽ 짙은 컬러의 붙박이장과 아일랜드로 꾸민
주방. 회랑을 거쳐 별채로 바로 통할 수 있게
동선을 계획해주었다. 이처럼 내부는
자연스럽게 마당과 관계 맺으며 공간이
확장되는 효과를 가진다.

단독 · 전원주택 설계집 A2

김포 캐빈하우스

OUR INDOOR LIFE

아웃도어 라이프를 즐기지 못하는 요즘 상황을 인도어 라이프로 전환하여
집에 콕 박혀서도 온 가족이 곳곳에서 많은 것을 즐길 수 있는 공간을 만들고자 했다.

거실에 해당하는 '가족 공간'. 소파에 앉아 TV를 보는
구조가 아닌, 바닥을 50cm 정도 낮추고 4면을 모두
쿠션으로 둘러 주로 낮에는 아이들이 오르내리며 노는
공간으로, 밤에는 모여앉아 책을 읽는 공간으로 활용하고
있다. 주말에는 아이들과 다과를 나누며 재밌는 만화,
영화 등을 보곤 한다.

주방과 거실 사이에는 집을
지으면 꼭 두고 싶었던 어항의
로망을 위해 아홉 자(2.7m) 짜리
대형 수조를 놓았다. 계단은
유리 난간을 활용하여 공간과
공간 사이의 시야를 넓혔다.

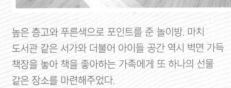

높은 층고와 푸른색으로 포인트를 준 놀이방. 마치
도서관 같은 서가와 더불어 아이들 공간 역시 벽면 가득
책장을 놓아 책을 좋아하는 가족에게 또 하나의 선물
같은 장소를 마련해주었다.

2층까지 책장으로 이뤄진 거실
벽 맞은편에는 빔프로젝터로
영상을 감상할 수 있는 넓은
벽면을 확보하였다. 2층
높이의 대형 창은 집 안 깊숙이
따스한 햇볕을 들이고, 푸른
하늘과 마당 풍경을 마주할 수
있는 개방감을 더한다.

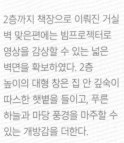

ⓒ권재현

아이들이 안전하게 마음껏 뛰어놀 수 있도록 설계한 중정형 마당.
철재·목재 루버를 통해 외부 시선을 적절히 가려 물놀이 등
가족만의 시간을 보낼 때만큼은 프라이버시를 지킬 수 있도록
신경 썼다. 집에서 보내는 시간이 절대적으로 많아진 요즘 같은
시기, 실제로 온 가족이 주말 동안 단 한 발자국도 현관문 밖을
나간 적이 없는 날이 대부분일 정도로 '집콕 라이프'를
지키면서도 즐겁고 건강하게 지내고 있다.

별채 내부. 많은 캠핑용품을 수납하고, 아빠가 좋아하는 곡을
연주하거나 간단한 기구로 운동까지 할 수 있는 다재다능한
장소이다. 한쪽에는 레트로 감성이 잔뜩 묻은 오락실
게임기를 두어 어른, 아이 할 것 없이 언제든 게임을 하며
여가를 보낼 수 있다.

슬라이딩 방식의 대형 출입문을 설치하고 바닥 일부에 석재 타일을
깔아 루프탑 텐트를 지붕에 얹은 차가 마당 안쪽까지 들어올 수
있게 했다. 덕분에 가족뿐 아니라 지인들까지 마당에 모두 모여
함께 캠핑하는 것도 가능한 집이 되었다.

태양 빛 아래 시원한 그늘이 되어주는 회랑. 아이들이 잔디에서 뛰놀다 지치면 편하게 앉아 쉴 수
있도록 긴 벤치를 두었다.

건축주 SAY.

집을 짓는 과정을 통해, 집은 자금이 충분해야만 지을 수 있는 것이 아니라 '자금의 흐름을 계획하는 것'이 더
중요하다는 것을, 집을 짓는 데는 돈보다 '용기'가 많이 필요하다는 것을 깨달았습니다. 가족이 하나의 '꿈'을 함께
바라보고, 많은 대화로 생각을 공유하고, 서로 용기를 잃지 않도록 보듬어 주는 것도 필수입니다. 가족 모두가 행복할
수 있는 바람, 그 행복을 이루어줄 수 있는 우리 집만의 독특한 공간을 꿈꾸며 집 지을 용기를 내보길 바랍니다.

SECTION

① 현관 ② 차고 ③ 거실 ④ 식당 ⑤ 주방 ⑥ 다용도실 ⑦ 욕실
⑧ 주차장 ⑨ 데크 ⑩ 중앙마당 ⑪ 회랑 ⑫ 별채(캐빈) ⑬ 침실
⑭ 놀이방 ⑮ 드레스룸 ⑯ 세탁실 ⑰ 서재 ⑱ 다락

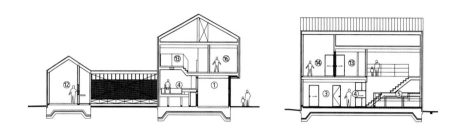

PLAN

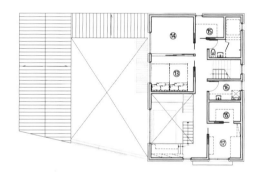

2F - 85.94m²

ATTIC- 75.93m²

❾ 저녁시간, 캐빈에서 여유를 즐기는 가족.

❿ 박공의 지붕선이 그대로 드러나는 아늑하고 넓은 다락.

⓫ 2층 침실은 아직 아이들이 어린 점을 감안하여 여럿이 넓게 사용하면서 다양한 활동을 담을 수 있도록 가변형 벽체를 설치했다. 대부분의 문은 포켓 도어로 깔끔하게 마감해 불필요하게 시선이 갈 만한 요소를 배제하고, 문을 여닫기 위해 남겨두어야 하는 공간도 최소화했다.

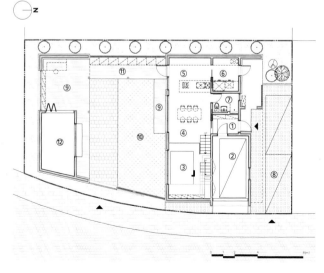

1F - 149.33m²

아이들의 놀이터이자 가족의 쉼터
세종 동동동[童同動] 하우스

아이들의 놀이터이자 가족의 쉼터 세종 동동동[童同動] 하우스

조용하고 평화로운 동네,
집 안에는 아이들의
웃음소리가 끊이지 않는다.
효율적이고 간결한 집은
가족에게 편안함과
아늑함을 선사한다.

❶ 필로티 구조의 주차장 외벽은 다른 부분과 다르게 노출 콘크리트로 마감해 단조로움을 피하고 개성있는 외관을 연출한다.

❷❸ 주차장에서 중정과 잔디마당, 그리고 넓은 창으로 트인 안방까지 다양한 풍경이 하나의 시선으로 이어진다. 여러 번 꺾인 입면은 입체적인 공간감을 만든다.

❹ ㄷ자 형태 안에서 다양한 볼륨감을 형성하고 있다.

대지위치	연면적	구조	창호재
세종특별자치시	193.61㎡(58.57평)	기초 - 철근콘크리트 줄기초 / 지상 - 철근콘크리트	이건창호 AL(43㎜ 3중유리 양면로이 아르곤)
대지면적	긴폐율	단열재	에너지원
289.7㎡(87.63평)	39.99%	지붕 - THK220 비드법단열재 가등급 / 외벽 - THK135 비드법단열재(준불연) 가등급 / 기초바닥 - THK130 비드법단열재 가등급 / 층간 - THK50 압출법보온판	도시가스
건물규모	용적률		
지상 2층	66.83%		
거주인원	주차대수	외부마감재	
4명(부부, 자녀2)	2대	외벽 - 컬러 시멘트 모노타일, 노출 콘크리트 위 발수 코팅, 캐슬형 합성목제 판넬 / 지붕 - THK0.5 포맥스 컬러강판 돌출이음	
건축면적	최고높이		
115.86㎡(35.05평)	8.95m		

집 안에서 즐겁게 뛰어노는 아이들의 모습이 자연스러운 집. 주택을 선호하지 않았던 건축주는 아이들이 커가면서 층간 소음에 대한 스트레스도 커져 아파트 생활에 어려움을 느꼈다. 그렇게 집짓기를 결심했다. 10년은 늙는다는 악명높은 집짓기이지만 아내에게는 즐거움의 연속이었다.

"나중에는 집이 완성되어서 이 과정이 끝난다는 것이 아쉬울 정도였어요."

아파트에 살 때도 인테리어에 관심이 많았던 아내는 집을 지으면서 하나하나 찾아보고 결정하는 과정을 즐겼다. 2개월 안에 끝내려던 설계는 5개월이 걸려 완성됐다. 건축주의 열정을 반기며 최대의 결과를 낼 수 있도록 꼼꼼하게 소통한 설계사무소와 시공사의 도움도 컸다.

작은 'ㄷ'자 형태인 집의 가장 큰 특징은 모든 실이 하나의 목적에 맞춰져 있다는 것. 건축주는 쉼의 공간과 업무 공간, 그리고 식사 공간이 명확하게 구분되길 원했다. 아파트에서는 식탁에서 밥도 먹고, 업무도 보고, 아이들과의 시간도 보내는 등 공간을 혼용하여

사용했지만 새로운 집에서는 공간마다 하나의 목적에 집중하고 싶었다. 건축가 역시 건축주의 바람을 반영하면서, 남향으로 열린 파트와 큰 놀이터가 있는 남동향 뷰의 이점을 모두 살릴 수 있는 설계안을 찾고자 했다. 그렇게 집의 1층은 중정을 중심으로 크게 두 부분으로 나누어져 남쪽에는 거실과 홈오피스가, 남동쪽에는 주방과 다이닝 공간이 구성되었다.

중정과 잔디 마당을 향해 활짝 열려 있는 거실은 최소한의 가구로 미니멀리즘을 보여준다. 깨끗하고 단정한 화이트 톤의 인테리어와 포인트 컬러 가구들이 깔끔하면서도 개성 있는 집을 만든다.

아내는 재택근무를 하고 남편도 집에서 업무를 보는 일이 많아 홈오피스 공간은 필수였다. 벽을 두어 거실과 실의 구분은 했지만 코너 창을 통해 정원까지 시선이 트여 답답하지 않다. 1층의 또 다른 구역인 주방과 다이닝 공간은 놀이터 방향으로 코너창이 있어 아이들이 밖에서 놀고 있는 모습을 언제든 관찰할 수 있다. 안쪽으로 팬트리 공간이 따로 있고, 벽면 곳곳에 넉넉하게 수납공간을 짜 넣어 항상 정리된 모습을 유지할 수 있도록 했다.

내부마감재
벽, 천정 – 실크벽지 / 바닥 – 1층 : 포세린 타일,
2층 : 구정마루 그랜드스테디 강마루

욕실 및 주방 타일
윤현상재 수입타일

수전 등 욕실기기
아메리칸스탠다드 및 수성바스

주방 가구·붙박이장
미소디자인

거실 가구
건축주 제공

조명
건축주 제공

계단재
OAK집성목 / 난간 – 강화유리난간

현관문
일레븐도어(호두나무)

중문
이노핸즈 슬라이딩도어

방문
우드원코리아 우드제작도어 + 우레탄도장

데크재
까르미데크

조경
건축주 직영

사진
변종석

시공
호멘토(HOMENTO)
www.homento.co.kr

설계·감리
호림건축사사무소
https://blog.naver.com/jlett

남향인 거실은 두 면의 창을 통해 채광을
충분히 확보하고 중정과 마당, 주차장으로
이루어진 외부 공간을 모두 담을 수 있도록
했다.

❺ 코너 창으로 놀이터가 바로 보이는 주방. 팬트리와 충분한 수납공간, 후드 일체형 인덕션 등을 설치해 군더더기 없이 단정한 모습으로 완성했다.

❻ 복도에서 바라본 가족실과 둘째 아이의 방. 유리벽과 유리문이 오피스 회의실에 들어선 느낌을 준다.

❼ 거실에서 바라본 복도와 주방. 주방에는 포켓 도어를 설치해 원한다면 언제든 공간의 구분과 확장이 가능하다.

❽ 거실 뒤쪽으로 부부의 작업 공간을 구성했다. 큰 코너 창을 두어 시선에 여유를 주었고, 거실의 상황도 확인할 수 있다.

❾ 계단실 옆 안방으로 들어가는 길에는 단차가 있어 침실 공간을 더욱 프라이버시하게 지켜준다. 다락으로 올라가는 계단까지 이미지가 이어진다.

❿ 부부의 침실은 침대 하나로 간단하지만 아늑하게 꾸몄다. 테라스를 통해 야외 공간을 곧바로 느낄 수 있는 것이 주택 생활의 새로운 즐거움이다.

⓫ 첫째 아이의 방. 높은 층고와 넓은 방은 쾌적하게 아이들을 맞이한다.

2 3

"흔히 외유내강형 인간이라고 하잖아요? 남에겐 부드러우면서도 자기 원칙에 깐깐한.
하지만, 그게 꽤 피곤한 일이거든요."
건축주는 오랫동안 많은 사람을 상대하는 서비스업 직종에서 일해왔다. 다른 이들의
마음을 여는 것이 그의 일이었고, 업무를 잘 해내기 위해서는 스스로 더욱 엄격해야 했다.
그러던 어느 날, 지친 몸과 마음으로 아파트로 들어서려는데, 문득 그렇게 삭막할 수가
없었다고. "그때부터 어렸을 적 주택 생활이 눈에 아른거리기 시작했죠."
아내도 그런 남편의 마음을 이해했고, 초등학생인 아이가 더 크기 전에 주택 생활을
누려보게 하고 싶었다. 건축주는 주변 건축 사례를 체크하며 시공사를 찾았고, 까다로운
그의 평가를 통과한 하우스톡과 인연을 가졌다. 그리고 5개월. 기다림 끝에 집을 만났다.
"건축주가 내준 미션은 정갈하고 단단한 인상의 외관, 도시에서의 프라이버시 관리,
가볍고 클래식한 인테리어, 이 세 가지였습니다."
하우스톡 김명범 전무는 건축주의 요구사항을 소개하며 집을 짚어나갔다. 외부는 편경사
지붕의 두 매스를 가운데 틈을 두고 붙인 대칭형 디자인으로, 복잡하지 않으면서도
단조롭지도 않은 모던한 입면을 가졌다. 특히 두 매스 사이 공간은 키 큰 창을 내 실내로의
자연광 유입을 최대한 확보하고자 했다. 외장재로는 화이트 스터코플렉스와 블랙
단토타일, 평기와를 적용해 블랙&화이트의 강한 대비를 줬다.

❶ 식당과 거실에서 진입이 가능한 데크는
석재로 만들어져 관리가 간편하다

❷ 2층 발코니 벽면에 설치된 반투명
버티컬창은 프라이버시를 지키면서도 독특한
개방감을 느끼게 한다.

❸ 메인 포치는 담처럼 연장된 주택의 벽을
따라 도로 쪽 시선을 차단해 프라이버시를
보호한다.

내부마감재
벽 – 벤자민무어 친환경 도장 + LX하우시스 벽지
/ 바닥 – 1층 : 정운타일 폴리싱 타일, 2층 :
구정원목마루 오크 헤링본

욕실 및 주방 타일
정운타일 비앙코카라라, 영림타일 모자이크타일,
테라조 타일

수전 등 욕실기기
아메리칸스탠다드, 영림, 한샘, 정운

주방 가구
한샘 KB 맨하탄 다크그레이

조명
렉스조명

계단재·난간
애쉬집성판 + 평철난간 메탈룩 우드 손스침

현관문
커널시스텍 단열도어

중문
영림도어 YD-1400

붙박이장
한샘 바흐 브라운

사진
변종석

설계 및 시공
㈜하우스톡
www.house-talk.co.kr

4

❹ 2층 가족실의 모습. 바로 뒤
보이드 공간은 1층과의 소통 창구가
되기도 한다.

❺ 1층 복도 전면에는 오픈 천장과
버티컬 라인을 따라 특수 제작한 긴
창을 시공해 늘 환한 빛이 들어온다.

도심 주택단지에 있기에 취약할 수 있는 프라이버시에 있어서는 포치를 변주함으로써
해결했다. 현관 포치의 면적을 넉넉하게 둬 실내외 이동에 여유로움을 주면서도, 도로에
접한 주출입구를 담장처럼 막고 CCTV를 설치하는 등 프라이버시 확보와 보안성을
높인것. 발코니를 대체한 2층 가족실 발코니도 주택 양 옆에서의 시선을 효과적으로
차단해 온전한 휴식을 누릴 수 있다. 현관문을 지나 실내로 들어오면 정면으로 천장이
오픈되어 쏟아지는 햇살을 맞이하게 된다. '조금은 클래식한 인테리어'라는 건축주의
주문으로 화려하지만, 지나치지 않도록 절제된 프렌치 클래식 스타일로 꾸며졌다. 1층
바닥은 대리석 패턴의 폴리싱 타일, 벽면은 웨인스코팅 위에 화이트 페인팅을 적용했다.
덕분에 충분한 채광과 함께 실내가 전체적으로 밝고 화사한 분위기다.

주방은 손님 맞이와 요리를 즐기는 건축주 부부의 성향에 맞춰 다소 넉넉한 사이즈로 배치했다. 또한, 보조문부터 다용도실, 주방, 데크까지 일직선 상에 놓아 효율적인 동선이다. 안방과 아이방, 욕실, 가족실 등 가족의 사적인 공간은 모두 2층에 두었다. 화사한 1층 분위기와는 다르게 2층은 원목마루나 목재 내장재 등을 적용해 한층 아늑하고 편안한 분위기를 냈다.

건축주는 줄곧 현장을 찾았지만, 준공 후 처음 짐을 내려다 놓으며 둘러본 집에서 건축주는 운명 같은 편안함과 감동마저 느꼈다고. 집과 건축주는 퍼즐처럼 서로 꼭 들어맞아 행복한 주택생활이라는 그림을 맞춰나간다.

POINT 1 - 계단 밑 수납 겸용 벤치

계단실 밑 자투리 공간에는 책장과 벤치를 놓아 오가며 가볍게 책을 읽을 수 있는 공간을 두었다. 벤치 밑은 소품 수납도 가능하다.

POINT 2 - 스크린 매립

스크린을 매립해둘 곳은 천장에 자리와 배선까지 미리 빼 놓았다. 빔 프로젝터 자리에도 콘센트를 배치해 설치 시 예상되는 마감 훼손을 최소화했다.

❻ 깊은 우물천장은 벽면 웨인스코팅과 함께 우아함을 더한다.

❼ 화이트 웨인스코팅 벽면 앞 애쉬 집성 계단판이 내추럴한 분위기를 낸다.

❽ 블랙 컬러의 테라조 타일이 적용된 안방 욕실

❾ 대리석 패턴의 타일과 다크 그레이의 유광 가구가 고급스런 분위기를 내는 주방. 식당에는 발코니창이 적용돼 식당에서 외부 데크로 자연스러운 이동이 가능하다.

❿ 외부 테라스와 욕실, 드레스룸을 콤팩트한 동선으로 모은 안방

9

8 10

POINT 3 – 삽입형 전동 블라인드

각 창에는 전동 블라인드를 적용했는데, 특히
거실 발코니창에는 유리 안에 블라인드가
들어있는 삽입형을 사용했다. 깔끔한 디자인과
함께 청소 등 관리가 용이하다.

POINT 4 – 제습·드라이 겸용 환풍기

욕실에는 제습과 드라이기 기능을 갖춘 복합
환풍기를 적용했다. 덕분에 기본적인 환풍과
간단한 몸 말리기도 추가 설비 없이 욕실 안에서
모두 이뤄진다.

독일식 3중유리 시스템창호를 적용해 도로 소음 문제를 해결했다.

SECTION

①현관 ②욕실 ③주방 ④식당 ⑤거실 ⑥안방 ⑦침실 ⑧가족실
⑨포치 ⑩드레스룸 ⑪다용도실 ⑫발코니 ⑬테라스 ⑭홀 ⑮창고

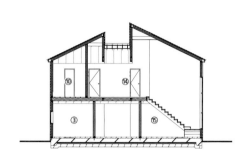

PLAN

2F - 99.24m²

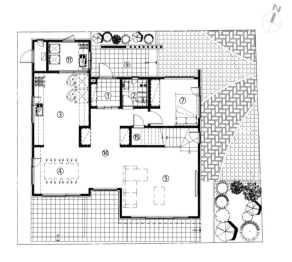

1F - 109.03m²

마당 품은 도심형 중목구조 주택
HUG HOUSE

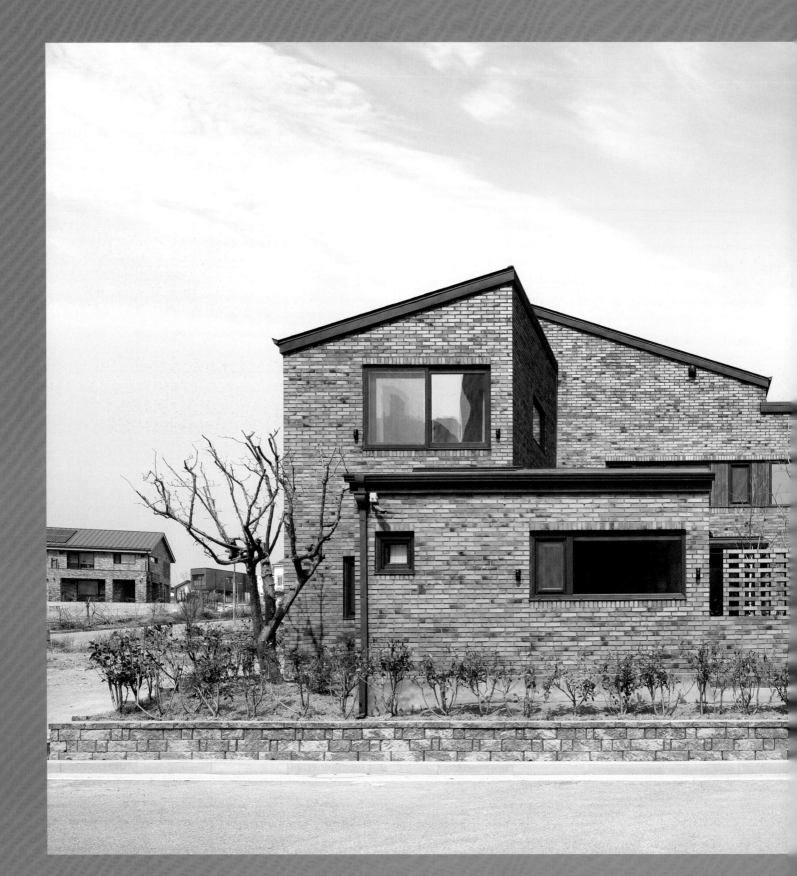

잘 조성된
세종의 한 주택 단지,
그곳에서도 유독 시선을 끄는
집 한 채가 있다.
아담한 마당을 품은
중목구조 주택이다.

❶ 집의 출입구 모습. 주차장 바로 옆에 현관을 두어 동선을 효율적으로 구성했다.

❷ 거실과 주방, 아틀리에로 감싸 안은 중정. 날이 따뜻해지며 부부는 정원 꾸미는 재미에 푹 빠졌다.

아파트 생활에 지친 부부는 더 늦기 전에 집을 짓자 결심하고 지금의 땅을 만났다. 주택 경험이 없다 보니, 두 사람에겐 모든 과정이 조심스러울 수밖에 없었다.

"구조 선택부터 난관이었어요. 따뜻한 물성의 재료와 단열, 지진에도 강한 집이란 필요 요건을 전부 충족시켜줄 구조는 뭘까. 긴 고민 끝에 목구조라 결론 내렸죠."

이후 수소문해 20년간 목구조를 시공해온 '우림하우징' 최동우 대표를 찾아 건축을 부탁했다. 그동안 그가 지은 전국 곳곳의 집들은 부부에게 신뢰와 믿음을 주기 충분했다고.

최 대표는 목구조 중에서도 외관은 단순하더라도 내부만큼은 넓고 시원한 공간감을 구현할 수 있는 중목구조를 제안했고, 부부 역시

그 말에 적극 동의하며 본격적인 집짓기가 시작되었다.

대지는 남쪽과 동쪽에 도로를 끼고 있는 모퉁이에 자리하고 있다. 길 건너 아파트 단지가 들어서, 이로부터 가족의 프라이버시를 확보하고자 정원을 감싸 안는 배치를 택했다. 그리곤 남측에 작업 공간인 아틀리에를 낮게 두어 도로변으로의 시선을 차단하면서도 남향의 따스한 빛을 고스란히 집에 들였다.

"마당 있는 집을 짓고자 마음먹었지만, 한편으론 아파트와 달리 사생활이 외부에 노출될까 걱정되더라고요. 이런 저희 마음을 잘 헤아려주신 설계로 아늑한 정원은 물론, 우리 가족만의 공간을 갖게 되었네요(웃음)."

대지위치 세종특별자치시	**용적률** 62.65%	**외부마감재** 외벽 – 벽돌(서산벽돌) / 지붕 – 일본산 요꼬단 루프 징크	**조경석** 이노블록 하이랜드 스톤
대지면적 305.8㎡(92.50평)	**주차대수** 2대	**담장재** 벽돌 마감	**조경** 삼덕조경
건물규모 지상 2층 + 다락	**최고높이** 8.7m	**창호재** LX하우시스 시스템창호 3중유리 나등급	**전기·기계·설비** ㈜코담기술단
건축면적 121.08㎡(36.62평)	**구조** 기초 – 철근콘크리트 매트기초 / 지상 – 중목구조	**열회수환기장치** 셀파 에어클	
연면적 191.28㎡(57.86평)	**단열재** 수성연질폼 200mm	**에너지원** 도시가스	
건폐율 35.59%			

내부마감재
벽 – 퍼티 및 벤자민무어 도장 / 바닥 – 포세린
타일, 이건마루

욕실 및 주방 타일
바스디포

수전 등 욕실기기
아메리칸스탠다드, 델타포셋

주방 가구·붙박이장
송림디자인가구

조명
한국조명

계단재·난간
멀바우 + 철재 난간

현관문
조은 현관문

중문
영림도어, 금속자재

방문
제작

데크재
대산우드 방킬라이 19㎜

구조설계(내진)
㈜위너스비디지

사진
변종석

시공
우림하우징
https://blog.naver.com/woorim3838

설계
시와건축사사무소 배지영, 용용식
www.siwaarchitects.com

중목구조가 잘 드러난 2층 공간

❸ 주방은 화이트 컬러를 중심으로 깔끔하게 꾸몄다.

❹ 중목구조로 기둥 없이 넓고 열린 거실을 만들었다.

❺ 지붕선이 그대로 느껴지는 다락.

❻ 적재적소에 배치한 창 덕분에 2층 역시 채광이 좋다.

❼ 2층에 마련된 침실.

POINT 1 - 소담스러운 가족 정원

건물로 둘러싸인 아늑한 중정은 외부
공간이면서 거실과 주방, 아틀리에로
이어지는 또 하나의 거실로서 역할을 한다.

POINT 2 - 인테리어 요소가 되는 구조재

중목구조로 경량목구조의 단점을 극복하고
내부에 기둥 없이 넓은 공간을 만들어냈다.
노출된 구조목재는 인테리어 요소로
활용된다.

POINT 3 - 거주자를 배려한 집

열회수환기장치와 동선, 다용도실과 연결된
외부 공간 등 보이는 것에만 치중하기보다
거주자의 편의를 고려해 설계되었다.

다소 폐쇄적인 외부와는 다르게 집 안으로
들어오면 중정을 중심으로 각 실이
연결되어 밝고 개방적인 느낌을 준다.
계절에 따른 변화를 온전히 느낄 수 있는
정원은 주택 생활을 매 순간 다채롭게
해줄 뿐만 아니라 손님들과 이야기를
나누기도 하고, 부부가 가벼운 운동을
하거나 티타임도 즐길 수 있는 사색의
공간으로도 쓰인다. 넓은 거실을
가로질러 계단을 오르면 창 너머 자작나무
잎과 가지가 바람에 흩날리며 가족들을
맞아준다. 2층에 위치한 침실과 서재는
경사진 지붕의 형태를 그대로 살려, 높고
시원한 공간감을 선사한다. 중목구조로
지어진 이 집은, 1층은 구조의 중심
역할을 하는 큰 보만 노출해 힘 있고 넓게
느껴진다. 시선은 구조의 방향을 따라
거실에서 주방으로, 다시 주방에서
마당으로 자연스럽게 흐른다. 반면 2층은
목수들이 세밀하게 맞춘, 높이 다른
각각의 보들이 격자형 구조로 계획되어
중목구조만의 견고하면서도 따뜻함을 집
안 가득 채웠다.
"중목구조에 대한 연구를 위해 시공팀이
일본에 답사를 가서 직접 시공을
경험했어요. 도면에 맞추어 구조재를
미리 컷팅해 와 조립하니 구조를 세우는
시간이 5일밖에 걸리지 않았죠."
겨울이었음에도 불구하고 날씨 영향 없이
공사가 잘 진행될 수 있었던 건, 탁월했던
구조 선택과 오랫동안 손발을 맞춰온
시공팀의 팀워크 덕분이었다고 최 대표는
설명했다.

SECTION

①현관 ②주차장 ③욕실 ④드레스룸 ⑤안방 ⑥중정 ⑦거실 ⑧데크 ⑨창고 ⑩보일러실
⑪주방 ⑫다용도실 ⑬뒷마당 ⑭아틀리에 ⑮가족실 ⑯침실 ⑰서재 ⑱다락

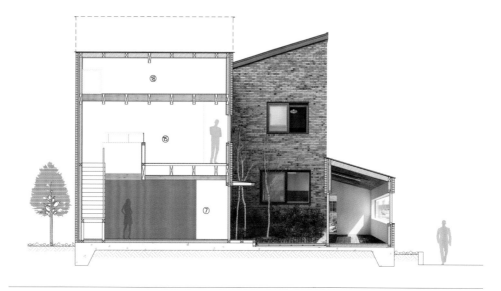

⑧ 2층까지 오픈된 높은 천장의 거실. 중정과도 마주하고 있어 실내 깊숙한 곳까지 빛이 골고루 전달된다.

⑨ 목재 천장재와 다채로운 패턴의 바닥 타일은 아틀리에 공간을 더욱 돋보이게 한다.

⑩ ⑪ 안방 옆에 마련된 욕실과 드레스룸.

⑫ 2층에서 내려다본 거실.

PLAN

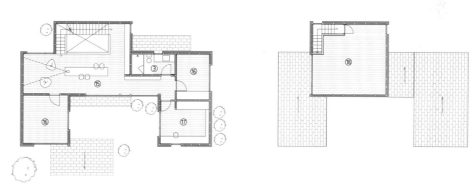

2F - 78.82m²

ATTIC - 34.51m²

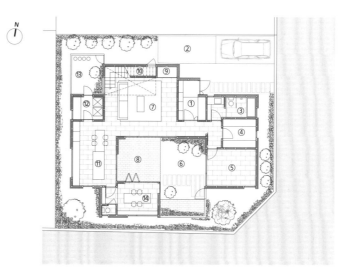

1F - 112.76m²

타협하지 않는 품격이 있는 집
THE CLASSICAL MANSION

미국 유명 고전 저택을
보는 듯한 품위가
느껴지는 집.
보이는 모습 뿐만 아니라
내실까지 사는 이의
자긍심을 담아냈다.

지나가는 이들의 시선을 사로잡는 전형적인 클래식 스타일의 주택은 두 필지를 합한 대지에 들어선 만큼 면적이 넉넉했다. 대지는 단지 내에서 제일 높은 레벨이어서 전망도 좋고, 도로가 전면으로 뻗어 시야에 막힘이 없다. 건축주 부부는 자녀들과 편안한 생활을 할 수 있는 지중해풍 클래식 스타일의 주택을 원했다. 또한 넓은 대지를 충분히 활용해 미국 대저택의 느낌을 누릴 수 있기를 희망했다. 이를 제대로 구현하기 위해 모양만이 아닌 오리지널 자재를 해외에서 수급하다 보니 공기가 예상보다 늘어졌다. 미국식 친환경 주택을 기본 콘셉트로 삼았고, 단열 성능이 좋은 북미 창호를 사용하였다. 해당 주택은 그 외관만으로도 마치 지중해에서 그대로 옮겨온 듯한 느낌이다. 외장은 스터코플렉스를 사용하였고, 지붕에 지중해풍 기와가 겹겹이 쌓여 중후한 느낌이다. 현관에 설치된 커다란 라임스톤 기둥은 흡사 미국의 대저택 입구를 연상케하며 안정감을 선사한다. 현관으로 이어지는 아치형 계단은 사비석 판재로 마감하였고, 양측으로 라임스톤 기둥이 방문객의 동선을 안내한다.

❶ 둥글게 입체감 있는 전면은 유럽의 성채와 같은 든든함을 느끼게 한다.

❷ 벽을 따라 둥글게 올라가는 계단, 그 중심에 자리한 샹들리에가 우아함을 뽐낸다.

대지위치	용적률	단열재	철물하드웨어
경기도 성남시	71.07%	미국산 에코단열재(벽-R19 / 지붕-R37)	심슨스트롱 타이, 탐린, 메가타이
대지면적	**주차대수**	**외부마감재**	**열회수환기장치**
461.20㎡(139.51평)	2대	외벽 – 미국식 시멘트 스터코 베리언스 마감, 수입라임스톤 / 외단열 – 스카이텍(미국 CDX 천연합판) / 지붕 – 스페니쉬 유형기와 5단 쌓기	미국산 열교환장치
건축면적	**최고높이**		**에너지원**
219.44㎡(66.38평)	12.99m		도시가스, 태양광 패널
연면적	**구조**	**담장재**	**조경석**
327.78㎡(99.15평)	기초 – 철근콘크리트조 / 지상 – 경량목구조 2×6 구조목재(미국산 더글러스, 아이조이스트, 공학목재 빔, 미국 CDX 천연합판)	에메랄드그린	사비석
건폐율		**창호재**	
48.03%		미국 앤더슨 창호	

내부마감재
내부 전체 – 미국산 던 에드워드 천연페인트 /
바닥 – 수입 티크 원목마루(헤링본) / 타일 –
이탈리아 타일

욕실 및 주방 타일
이태리 타일

수전 등 욕실기기
미국, 이탈리아 수입

주방 가구
미국 수입

조명
미국, 이탈리아 수입

계단재·난간
미국 오크 원목, 미국 라운드 핸드레일 오크

현관문
미국 마호가니 원목도어

방문
미국 수입 도어(높이 2,400㎜)

붙박이장
디자인 제작

데크재
사비석 잔다듬

사진
변종석

설계
네이처스페이스
http://naturespace2022.com

1층 홀의 모습. 왼쪽 서측에는 식당과
주방이, 오른쪽 동측에는 응접실이
자리한다.

THE CLASSICAL MANSION

가족 모두의 라이프스타일을 녹여낼 수 있는 여유

가족 구성원에게는 개별적으로 각자의 침실이 배치되었는데, 그에
딸린 화장실과 거실이 각각 존재한다. 자녀의 프라이버시와
라이프스타일을 존중하고, 개인별 생활에 집중할 수 있도록 배려한
설계 의도가 반영되었다. 1층에는 게스트룸과 화장실, 그리고 커다란
거실과 다이닝룸을 두었다. 현관으로 들어오자마자 맞이하는 큰
기둥 8개로 인해 이국적인 분위기가 물씬 풍긴다. 입구에서 정면으로
보이는 아치형 계단은 2층에서 당장이라도 어느 왕국의 공주가 걸어
내려올 듯하다. 널찍한 거실은 큰 파티를 열어도 무리가 없을 정도로
여유롭다. 현관과 거실, 주방까지 하나의 동선상에 막힘없이
이어지는 공간은 일체감이 느껴진다. 헤링본 스타일의 원목 마루와
따뜻한 느낌을 전하는 실내의 아이보리 페인팅, 그리고 이를 비추는
조명이 어우러져 실내가 한결 고급스럽다.

❸ 현관에서 실내로 들어올 때 맞아주는 기둥들은 실외와 실내의 분위기를
부드럽게 전환해준다.

❹ 식당 반대편에 위치한 응접실. 한켠에 자리한 벽난로가 아늑한 대화를
돕는다.

❺ 마스터룸과 아이방 앞에 자리한 홀에서는 간단한 대화나 쉼이 이어진다.

❻ 마스터룸은 취침을 위한 침대공간과 일상을 보내는 전실로 구분되었다.

❼ 건축가의 설계가 반영된 오더메이드 가구와 브라질산 심해석 상판이
인상적인 주방.

❽ 현관을 통해 주 생활공간과 분리되는 1층 서재는 또 다른 각도로 마당을
누리는 곳이다.

❾ 욕실과 바로 이어지는 드레스룸 겸 파우더룸. 욕실 가구와 컬러 톤을
맞춰 연속성을 부여했다.

❿ 베이 윈도우(돌출창)가 풍부한 채광과 볼륨감을 선사하는 서재.

⓫ 서재와 침실 사이를 유려하게 이어주는 아치 통로.

거실에는 멋들어진 벽난로와 사방을 감싸고 있는
커다란 창호들이 인상적이다. 덕분에 채광이 좋고
환기 역시 손쉽다. 대리석으로 마감된 벽난로는
매립하여 공간 활용도를 높였고, 벽난로 위 멋진
거울과 크리스털 장식들이 럭셔리하게 보인다.
추운 겨울 벽난로에 모닥불을 피워놓고 가족들과
도톰한 카펫 위에서 담소도 나누며 소위 '불멍'을
즐긴다면 먼 외국까지 갈 필요가 있을까 싶다. 메인
주방은 시공사에서 디자인하고 제작 발주한
가구들로 클래식하게 꾸며졌다. 메인 주방 바로
옆으로 보조주방을 배치하여 각종 수납이 편리하고
여유롭다. 세탁기나 건조기를 별도로 배치하지
않고 보조주방 테이블에 매립하여 실내 공간의
낭비를 줄였다.
어느 것 하나 아쉬움 없이 정성과 노력을 아낌없이
쏟아부은 집. 그곳에서 가족들은 저마다의 삶을
보내고 안식을 가지며 때론 모여 즐거움을 나눌
것이다. 넉넉한 품위만큼 멋진 가족들의 일상이 이
품격있는 집에서 줄곧 이어지길 바라본다.

벽으로 가리지는 않되, 공간을 구분해주는 장치로 기둥들을 배치해

ELEVATION

PLAN

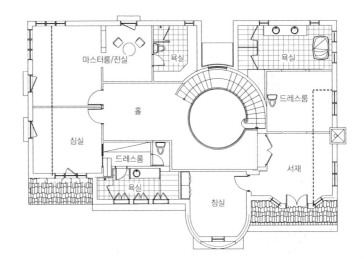

2F - 173.26m²

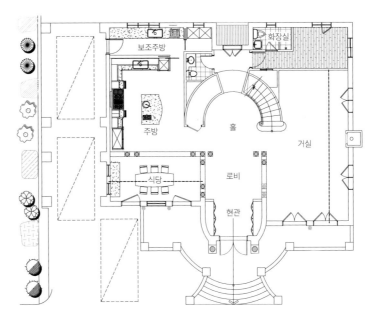

1F - 154.52m²

보편적 질서 위에 활력을 주는 집
HOUSE VIEW

공장지대와
고속도로 사이에서
유려한 곡선이 빛을 낸다.
땅의 모양을
닮은 집은 3대가
뿌리 내릴 곳이다.

대지는 경북 칠곡군에 위치해 있다. 해당 지역은 준주거지역으로 대지 주변은 공장으로 둘러싸여 있고, 또 옆으로는 중앙고속도로가 지나가고 있었다. 공장들과 계획 대지 반대편으로 산과 들이 아름답게 펼쳐져 있어 상반된 분위기의 것들이 대치하고 있는 모양이었다. 이처럼 독특한 입지 조건이 초기 계획에 영감을 줬다. 무엇보다 공장으로 둘러싸인 계획 대지에 전혀 어울리지 않는 단독주택을 계획하는 것이 신선하게 다가왔다. 그래서 주변과 조화로운 건물 대신 공장건물들로 이뤄진 보편적 질서 위에 활력을 주는 건물을 만들고자 계획했다. 대지는 남쪽은 넓었지만, 북쪽으로 갈수록 좁아지는 삼각형 형태였다. 주택부지로 건물을 앉힐 수 있는 공간이 한정적이기도 했고, 법적으로 건물을 놓을

영역을 설정하고 요구하는 프로그램을 대지 위에 넣어보니 여유 공간이 없었다. 그래서 마당을 크게 만들기보다는 작은 마당을 여러 개로 분산해서 다양한 공간에서 마당을 느낄 수 있게 했다. 남쪽 주 출입 마당과 북쪽 도로에서 들어오는 부 출입 마당, 2층의 자연으로 열린 좁은 마당까지 마당을 3개 계획했다. 마당으로 인해 자리를 찾지 못한 내부 프로그램은 2층으로 옮겨졌다. 마당 계획과 함께 이 집의 형태적 콘셉트는 땅의 형상을 그대로 가져와서 건축화하고 그 위에 의도된 곡선을 사용해 건물을 덜어낸 형태다. 곡선을 통해 비워진 공간은 마당으로 채워 내외부가 어우러지는 상호 관입을 의도했다.

대지위치 경상북도 칠곡군	**건축면적** 125.08㎡(37.83평)	**주차대수** 1대	100mm / 내부 - 압출법보온판 30mm / 천장 - 비드법단열재 2종3호 220mm
대지면적 421㎡(127.35평)	**연면적** 196.1㎡(59.32평)	**최고높이** 7.2m	**외부마감재** 외벽 - STO 외단열시스템 등 / 지붕 - 컬러강판
건물규모 지상 2층	**건폐율** 29.71%	**구조** 기초 - 콘크리트 매트기초 / 지상 - 철근콘크리트	**창호재** THK24mm 로이복층유리, PVC 이중창호(에너지등급 2등급)
거주인원 6명(부부, 아들 부부, 자녀2)	**용적률** 46.57%	**단열재** 벽체 외부 - 비드법단열재 2종3호	**에너지원** LPG

입면 계획은 공장과 고속도로 쪽으로 창을
극히 제한하고 콘크리트 가벽을 세워
시선과 소음을 차단했다. 양쪽으로
세워진 콘크리트 가벽을 이용해서
남쪽으로 둥근 처마와 전면 창을
설치했다. 시간의 흐름에 따라 빛의
입사각이 변화하며 생겨나는 내부의 둥근
그림자는 공간을 더 인상적으로 만들었고,
내부에서 자연을 바라볼 때 둥근 프레임인
처마와 자연의 곡선이 매끄럽게
이어졌다. 자연으로 열려 있는 남쪽의 큰
창은 안과 밖의 경계를 모호하게 만들어
공간적으로, 또 시각적으로 더욱더 넓게
느껴지게 했다. 동시에 빛을 적극적으로
유입해 공간을 풍요롭게 만들었다.

❶ 공장지대에 새로운 활력을 불어넣는 집.

❷ 1층의 주방과 다이닝룸. 가족의 공용공간으로 거실의
역할도 겸한다.

❸ 현관문을 통유리로 시공해 채광이 좋고 전면 창들과
이어져 통일감을 준다.

❹ 세면기를 호텔식 레이아웃으로 나란히 놓아 편의성을
높였고 세면대 하부장과 양 옆의 서랍장을 모두 화이트
톤으로 맞춰 깔끔한 느낌을 준다.

내부마감재
벽, 천장 – 벤자민무어 친환경 도장 / 바닥 –
구정마루(원목)

욕실·주방타일
대구 영남타일

수전·욕실기기
아크릴세면대, 계림

주방가구
대구 CCM 주방가구

조명
비츠조명

계단재·난간
카펫(계단판), 유리난간

방문
영림도어(맴브레인 위 도장)

붙박이장
대구 CCM 제작가구

전기·기계·설비
승진ENG

구조설계(내진)
아르텍구조

시공·조경
건축주 직영

사진
이남선

설계·감리
영종건축사사무소
www.yjarchitects.com

주변에 흔히 볼 수 있는 공장 건물들이
대부분인 가운데, 이와 상반된 새로운
느낌의 건물이 설계되고 시공되었다.

2층 면적은 1층 면적에 비해 작아 단면 또한 곡선 형태의 지붕으로 계획했다. 이로 인해 공간마다 천장 높이를 달리해서 좀 더 입체적 공간감을 느낄 수 있게 했다. 1층과 2층을 연결하는 계단 역시 곡선의 형태로 만들어 이동의 기능뿐만 아니라 거실에서 계단을 바라볼 때 오브제로써의 조형미를 느낄 수 있게 했다. 계단에는 카펫을 깔아 이동 동선의 편안함도 제공했다. 평면계획은 다양한 사용자의 요구에 맞게 계획했다. 세밀하게 잘 짜인 집은 편리한 주거환경을 제공한다. 그러나 공간 변화의 필요성을 느끼는 순간, 융통성이 없어진다. 따라서 건물의 긴 생애 동안 주거 외의 다양한 용도로 사용할 수 있도록 계획하는 것이 바람직하다고 생각했다. 3대가 생활할 수 있도록 해달라는 건축주의 요구와 더불어, 아이들이 뛰어놀 수 있는 공간 등 그밖에 어떤 용도로 사용하더라도 다 수용할 수 있는 공간으로 계획되었으면 했다. 그래서 공용공간은 뚜렷한 목적이 없는 늘 비워진 공간으로 계획해 공간의 융통성을 제고하고, 천장의 높이, 실의 크기, 재료 등을 고려해 계획했다.

❺ 원목 마루를 시공한 2층 복도.

❻ 가족의 개인 공간으로 이뤄진 2층을 따라 침실이 자리한다. 화려한 샹들리에가 눈에 띈다.

❼ 계단에는 빈틈없는 높은 난간을 설치해 안전을 꾀했으며 카펫을 깔아 차분하고 포근한 분위기를 자아낸다.

❽ 탑볼 세면기와 어두운 색의 하부장으로 꾸민 2층 세면공간.

❾ 큰 창을 시공해 채광이 풍부하고 환기에 용이한 욕실.

❿ 거실과 세면 공간 사이 아치 통로를 세워 공간이 부드럽게 이어진다. 세면기 위에 펜던트 조명을 달아 편의성을 더했다.

DIAGRAM

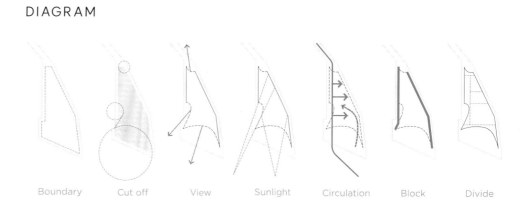

Boundary   Cut off   View   Sunlight   Circulation   Block   Divide

SECTION

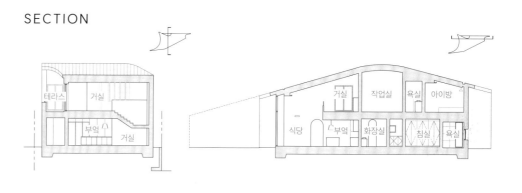

PLAN

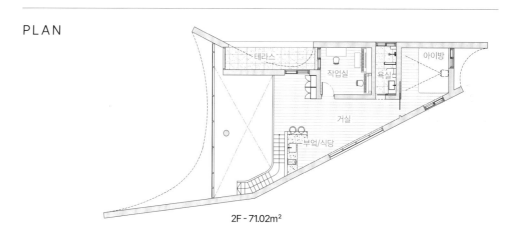

2F - 71.02m²

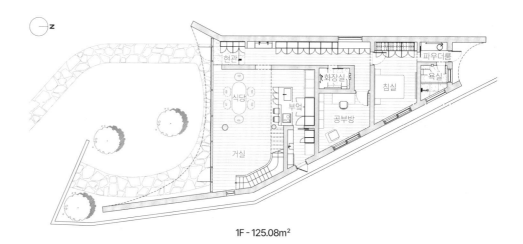

1F - 125.08m²

간결한 집, 고상한 집, 단정한 집
젠 스타일 용인주택

단정한 외관에 깔끔한
인테리어로 완성한 집.
남편의 오랜 설득 끝에
못내 시작한 집짓기지만,
지금은 본인이
더 좋아하게 되었다며
아내가 웃는다.

두 살 터울의 사춘기 남매를 슬하에 둔 결혼 19년 차 부부. 용인에 있는 24평 아파트 전세로 시작해 32평, 48평, 62평까지 조금씩 살림을 늘려 오던 어느 날, 남편은 집을 지어야겠다고 선전포고를 했다. 윗집의 층간소음이 참을 수 없는 지경에 이르렀고, 아랫집으로 진동이 전달될까 늦은 퇴근 후엔 안마의자도 못 쓰는 데다 꿈꿔온 로망을 더 이상은 미룰 수 없다는 이유와 함께. "그때까지도 살아보고 적응 못 하면 다시 아파트 갈 생각이었어요.

그래서 살던 집 정리도 안 하고 일단은 지어보기로 합의했죠." 라며 집짓기를 시작한 배경을 밝혔다.

'올 수리 인테리어'를 하고 들어온 아파트를 두고 부부는 함께 정보를 찾아 나섰고, 여러 업체를 다녀 본 결과 건축박람회에서 만난 코원하우스가 파트너로 낙점됐다. 이들이 코원하우스를 고른 건 가격대나 디자인, 인지도 때문만은 아니었다.

대지위치 경기도 용인시	**용적률** 35.57%	**단열재** 압출법보온판, 그라스울
대지면적 525㎡(158.81평)	**주차대수** 2대	**외부마감재** 외벽 – KMEW 세라믹사이딩 / 지붕 – KMEW 지붕재
건물규모 지하 1층, 지상 2층	**최고높이** 8.92m	**창호재** LX하우시스 3중 유리 유럽식 시스템창호
건축면적 103.59㎡(31.34평)	**구조** 기초 – 철근콘크리트 매트기초 / 지하 – 철근콘크리트 구조 / 지상 – 경량목구조 외벽 2×6 구조목 + 내벽 2×4 S.P.F 구조목, 지붕 – 2×10 구조목	**철물하드웨어** 심슨스트롱타이
연면적 265.59㎡(80.34평)		
건폐율 19.73%		

"집짓기에 대해 잘 몰라도 주변으로부터 조금씩 듣는
게 있잖아요. 처음에는 싸게 한다고 해 놓고 슬금슬금
추가 공사를 늘려 비용을 더 받는 곳들이 많다는
거죠. 그런데 코원하우스는 계약서가 아주
디테일해서 좋았어요. 설계·인테리어 담당자가 각각
배치되는데, 집 콘셉트 상의와 동시에 스위치며
손잡이며 미리 세세하게 정하고 들어갔어요. 당연히
추가 공사는 없었죠."

전체적인 외관은 일본주택 느낌이 나는 젠 스타일
모델을 고르고, 이에 어울리는 세라믹사이딩을
외벽과 지붕재로 선택했다.

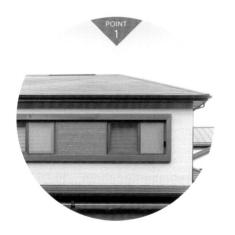

❶ 매스는 정원을 살포시 감싸는 'ㄱ'형태로
그리 복잡하지 않으면서도 2층 테라스와
지붕선을 통해 충분한 공간감을 제공한다.

❷ 부부 동반 모임을 비롯해 집을 찾는 손님이
많아 야외 테이블세트만 4개를 구입했다.

❸ 대지 높이차에 의해 주차장은 지하로
분리됐다.

POINT 1 - 젠 스타일의 완성, 세라믹사이딩

집의 형태나 배치만큼 분위기를 크게 좌우하는
것이 바로 외장재. 낮고 길게 빠진 지붕은
KMEW 네오블랙, 벽면에는 세라믹사이딩
브라운과 화이트를 적절하게 섞고 금속으로
프레임을 만들어 젠 스타일 외관을 완성했다.

POINT 2 - 1층 포치, 2층 테라스

외부와 내부 완충공간 역할을 하는 포치 상부에
2층 테라스를 두어 콤팩트하면서도 센스 있게
공간을 활용했다.

내부마감재
벽 – LX하우시스 베스띠 실크벽지, 팬톤페인트
친환경 도장 / 바닥 – 코토 세라믹 포세린 타일,
구정 온돌마루

욕실 및 주방 타일
코토세라믹 수입타일

수전 등 욕실기기
대림바스

주방 가구 및 붙박이장
한샘

조명
을지로 모던라이팅

계단재·난간
멀바우 + 유리난간

현관문
성우스타게이트

중문
이건라움 금속 슬라이딩 도어

방문
영림 필앤터치 도어

사진
변종석

설계 및 시공
㈜코원하우스
www.coone.co.kr

62평 아파트의 주방에 익숙해 좁을 줄
알았는데 의외로 'ㄷ'자 동선이 콤팩트해
편하다고.

젠 스타일 용인주택

4

5

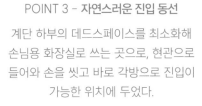

POINT 3

POINT 3 - **자연스러운 진입 동선**

계단 하부의 데드스페이스를 최소화해
손님용 화장실로 쓰는 곳으로, 현관으로
들어와 손을 씻고 바로 각방으로 진입이
가능한 위치에 두었다.

POINT 4

POINT 4 - **거실까지 소통하는 유리 파티션**

주방에서 일을 하다보면 소외되기가 쉬운데,
냄새나 소음 때문에 통합하기에는
고민이었다는 부부. 유리 파티션을 설치해
불편함은 덜고 시각적으로는 개방감을
주었다.

POINT 5

POINT 5 - **남편과 아내의 드레스룸 분리**

보통은 안방에 부부의 드레스룸을 같이 두고,
자녀방에 각각 붙박이장을 설치한다. 그러나
의외로 부딪치는 것이 부부의 옷 정리 습관.
이를 미리 캐치해 남편과 아내의 드레스룸을
각각 분리했다.

1층은 남편이 원한 모던 스타일로, 2층은
아내가 원하는 클래식 스타일로 인테리어
콘셉트를 잡았다. 원하는 것과 어울리는
것 사이에 충돌이 생길 때마다 인테리어
담당자가 조율해 결정을 도왔다. 평면은
사춘기인 자녀들과 동선을 구분하고, 출가
후 부부는 1층만 쓰는 것을 전제로
계획되었는데, 덕분에 아이들과는 훨씬 더
사이가 좋아졌다고.

남편이 여름에 풀을 뽑고, 가을에 낙엽을
줍고, 겨울에 눈을 쓸며 집을 돌보는 걸
보고서야 이 집에 '진짜' 살아도 되겠다고
확신했다는 아내.

"혹시 계절이 바뀌면 돌아갈 마음이
생길까 아파트를 아직도 못 팔았는데,
조만간 정리하려고요. 남편 핑계를
댔지만, 이젠 제가 더 좋아하게
되었으니까요."

친구들을 열댓 명 데려와 '집 부심'이
생겼다고 자랑을 늘어놓는 아이들, 늦은
밤 청소기와 세탁기, 안마의자를 써도
좋지 않으냐며 흐뭇해하는 남편, 청소를
끝내고 조용히 풍경을 바라보는 사색의
시간이 즐겁다는 아내. 집을 짓고 나서
새로 생긴 가족의 일상과 추억이 계절과
함께 서서히 무르익는다.

❹ 웨인스코팅 벽면과 아기자기한 조명이 빛나는
2층 가족실. 1층의 포세린 타일과 달리 헤링본
마루로 마감해 색다른 분위기다.

❺ 현관에도 별도의 창을 내어 낮에는 불을 켜지
않아도 밝다. 신발을 신을 때 편한 벤치는
이웃에게 받은 선물.

❻❼ 거실과 주방은 각각 데크로 이어지는데,
이는 시원하게 계획된 창으로 연결된다.

❽ 안방은 아내의 취향이 반영돼 클래식한
스타일로 꾸며졌다. 남편이 그토록 원하던
안마의자와 함께.

ELEVATION

PLAN

①현관 ②거실 ③주방 및 식당 ④다용도실 ⑤방 ⑥화장실
⑦드레스룸 ⑧가족실 ⑨데크 ⑩테라스

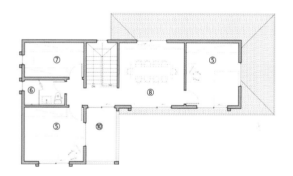

2F - 83.16m²

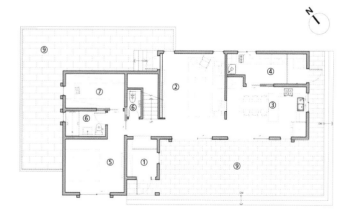

1F - 103.59m²

한 번의 경험에서 얻은 지혜
양평 마당 넓은 집

길게 이어지는
넓은 마당의 끝,
가족의 힐링 하우스가
아름다운 경치를
조망하며 서있다.
가족 뿐만 아니라
많은 손님이 찾아와
편안하고 따뜻한
휴식을 경험할 수 있도록
고민했다.

1

가족의 두 번째 세컨드 하우스. 경험에서 얻은 아이디어를 담다. 인천에 살고 있는 건축주는 가족의 새로운 쉼터이자 많은 손님을 초대해 힐링할 수 있는 별장 같은 공간을 만들고자 했다. 가족은 이미 세컨드하우스를 지어본 경험이 있었고, 그 주택을 10년 이상 이용하고 난 뒤 겪었던 크고 작은 불편함을 보완해야겠다고 생각했다.

주택 앞으로 길게 조성된 큰 규모의 마당은 집을 인상적으로 만드는 요소 중 하나다. 매입 당시 땅에는 절벽이 있었고, 그

앞으로 작은 폭포가 흐르고 있었다. 집을 짓기 위해 폭포를 매립해 물길을 틀었고, 토목 공사 등 2년여의 작업 끝에 지금의 대지를 완성할 수 있었다. 건축주는 마당 공간에서 보내는 시간을 매우 중요하게 여겨 이전 별장에도 마당을 넓게 구성했다고 한다. 하지만 마당 전체를 잔디로 조성해 관리가 매우 어려웠고, 이번 양평 주택에는 잔디와 석재 바닥을 반반씩 나누어서 시공하게 되었다. 마당 중앙에 자리했던 소나무 두 그루를 잔디 마당 끝 언덕 위로 옮겨 심어 주택에서 내다보는 조경의 포인트가 되도록 했다. 인테리어 자재를 고를 때에도 건축주의 손길이 닿지 않은 곳이

대지위치	**건폐율**	**단열재**	**조경석**
경기도 양평군	14.94%	비드법 2종1호	자연석재
대지면적	**용적률**	**외부마감재**	**전기·기계**
1,325㎡(400.81평)	23.07%	벽 – 청고벽돌 / 지붕 – 코팅메탈징크	현대전기
건물규모	**주차대수**	**담장재**	**설비**
지상 2층	3대	철 펜스	대도설비
건축면적	**구조**	**창호재**	
198㎡(59.90평)	기초 – 철근콘크리트 줄기초 / 지상 – 철근콘크리트	독일식 시스템 창호	
연면적		**에너지원**	
331.6㎡(100.31평)		도시가스	

없다. 전체적으로 화이트 컬러의 벽지와 타일을 사용하여 환하고 밝은 느낌을 주었고, 샹들리에 조명을 포함해 다양한 조명 아이템을 직접 골라 건축주의 취향과 따뜻한 분위기가 느껴지는 집을 완성했다. 거실의 화목 난로와 곳곳에 우드 톤 가구로 포인트를 주어 대저택의 고급스러운 분위기를 느낄 수 있다. 요리를 즐겨하는 건축주의 라이프 스타일에 따라 대규모로 계획한 주방은 식탁과 조리대를 대면형으로 구성해 손님들과 소통할 수 있는 조리 공간이 되었다.

목욕탕과 사우나실은 양평 주택의 포인트다. 평소 목욕하는 것을 사랑하기도 하고, 가족들이나 지인들이 놀러 왔을 때 편안하게 피로를 풀 수 있도록 심혈을 기울인 공간이다. 냉탕과 온탕을 따로 구분한 조적 욕조와 아담한 사우나 공간은 전문 목욕탕 부럽지 않은 완성도를 보여준다.

손님들이 편하게 지낼 수 있도록 방의 개수도 넉넉하게 구성했다. 1층과 2층에 각각 가족실 겸 거실을 두어 단체 손님이 왔을 때도 분리해서 생활할 수 있도록 프라이빗함을 더했다.

❶ 거실에서 이어지는 데크와 마당에서는 바베큐 파티 등 다양한 야외 활동을 즐길 수 있다.

❷ 2층에서도 넉넉한 베란다를 통해 외부 공간을 누린다.

❸ 주택 부지 옆으로 흐르는 폭포와 개천도 조경 풍경의 일부분인 듯 하나의 시선에 담긴다.

내부마감재
벽 – 실크벽지, 타일 / 바닥 – 타일, 강마루 / 천장
– 규조토 도장 마감

욕실 및 주방 타일
바닥 – 자기질 타일 / 벽 – 도기질 타일(졸리컷
시공)

수전 등 욕실기기
비반트, 하나바스

주방 및 거실 가구
한샘

조명
자이 LED

계단재·난간
멀바우 집성판, 유리난간

현관문
커널시스텍 스틸도어

중문
영림 초슬림 3연동 자동문 도어 투명유리 5T

데크재
현무암 데크

사진
건축가 제공, 변종석

설계
디앤에이건축

감리
분건축

시공
로드하우징(알디앤에이 종합건설)
http://roadhousing.co.kr

거실과 주방은 분리되지 않고 하나로
열린 구조. 화이트 인테리어 콘셉트에
맞게 거실 소파도 화이트 톤으로
맞추었다.

단독 · 전원주택 설계집 A2

양평 마당 넓은 집

❹ 주방 및 다이닝 공간 앞, 두 면을 통창으로 구성해 탁 트인 조망을 갖는다.

❺ 거실 한편에 화목 난로를 두어 주택 생활의 로망을 담았다.

❻ 1층 메인 목욕탕에는 온탕과 냉탕을 구분해서 조적 욕조를 설치했다. 조적 욕조 안팎에는 안전을 위해 디딤단을 만들었다.

❼ 목욕탕과 사우나실에 들어가기 전 간단한 세면 공간과 파우더룸이 준비되어 있다.

❽ 사우나실은 비교적 크지 않은 규모로 아늑한 분위기가 느껴진다.

❾ 욕조 안에 개별 샤워 수전이 설치되어 있고, 욕조 앞 벽에도 세 개의 레인샤워 수전이 설치되어 있어 실제 대중 목욕탕을 연상시킨다.

⑩ ⑪ 2층의 가족실 겸 거실.
바테이블과 상부 수납장 등으로
1층과 달리 와인바의 분위기를 냈다.

⑫ 5개의 방 중 2개의 마스터룸에는
드레스룸과 욕실이 따로 구성되어
있다.

SECTION

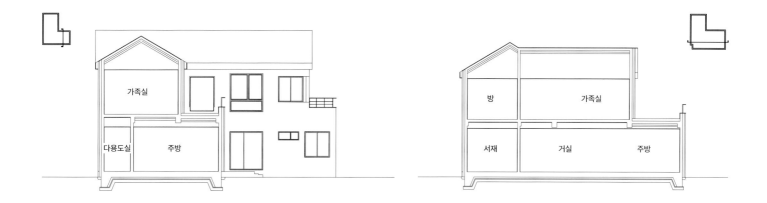

PLAN

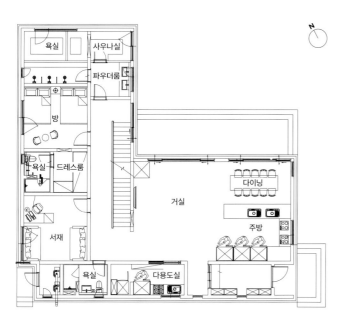

1F : 198m²

2F : 133.6m²

가족이 모여 더욱 즐거운 집
CASA BLANCA

가족 모두 함께 준비하며
주택의 로망을 담아낸
단정하고 클래식한 집.
따뜻하게 지은 하얀 집에
가족의 일상을 그려낼
일만 남았다.

❶ 주택 서측을 내려다 본 모습

❷❸ 건물에서 이어지는 아치형 기둥이 자칫 좁아보일 수 있는 주택에 여유를 준다. 나중에 옆에 집이 지어질 것을 예상해 동측면은 3층 외에는 창을 다소 절제했다.

❹ 커다란 아치로 식당과 주방을 구분해주고, 넓은 공간을 할애해 주방가구를 포진시켜 눈에 닿는 싱크대 벽면은 상부장 없이 깔끔하게 큰 창을 쓸 수 있었다.

❺ 현관 옆 게스트용 화장실에는 건축주가 직접 여러 군데 수소문해 어렵게 구한 수입 디자인 타일을 적용했다.

❻ 식당 앞 폴딩도어를 둬 앞마당-식당-주방 간 이동과 소통, 채광, 환기를 자연스럽게 유도한다.

❼ 1층은 구조적 안정성을 확보한 가운데, 주방과 거실을 시원하게 배치하여 개방감을 부여한 게 특징이다.

대지위치 경기도 용인시	**연면적** 238.37㎡(72.10평)	**구조** 기초·지상 1층 – 철근콘크리트구조 / 지상 2,3층 – 경량목구조	**창호재** 살라만더 유럽식 3중 유리 시스템창호, 미국식 3중 유리 시스템창호(아치창)
대지면적 198.00㎡(59.89평)	**건폐율** 48.97%	**단열재** 벽·지붕 – 그라스울 + 열반사단열재 스카이텍	**에너지원** 도시가스
건물규모 지상 3층	**용적률** 99.24%		
거주인원 4명(부부 + 자녀 2)	**주차대수** 1대	**외부마감재** 외벽 – 스페인산 백벽돌, 스터코플렉스 / 지붕 – 점토기와	
건축면적 96.95㎡(29.32평)	**최고높이** 10.75m		

건축주 부부는 결혼할 때부터 언젠가는 주택에 살아야겠다는 꿈을 조심스럽게 품었다. 30대 때 이미 집을 짓기 위해 잘 지어진 집과 마을로 답사를 다녀봤고, 얼마 지나지 않아 남편과 함께 머리를 맞대고 조심스레 도면을 그려 작은 시골집도 지어봤다.

서울에서의 업무 때문에 세컨드하우스를 지었지만, 부부는 작은 주말주택에 만족하기 어려웠다. 그래서 자녀들이 성장하고, 새로운 집짓기 준비가 무르익었을 때 도시권에서 멀지 않으면서 자연과 가까운 지금의 부지를 구했다. 설계에만 5개월, 시공에 반년을 할애해 신중을 기했고, 코로나19와 긴 장마에도 불구하고 무사히 집짓기를 마쳐 지난해, 가을의 문턱에서 가족은 새집을 만났다.

주택은 하얀 벽돌과 스터코, 점토기와가 만드는 지중해풍 스타일을 바탕으로 지상 3층 규모로 지어졌다. 건축면적과 비교해 높은 건물 높이처럼 느껴지지만, 주택에서 뻗어 나와 도로면을 따라 이어진 아치형 기둥들은 주택에 푸근한 분위기를 가져다주면서 밖에서 안으로 들어갈 때 원만한 분위기 전환을 돕는다. 주택은 1층 철근콘크리트구조에 2·3층 목구조인 하이브리드구조로 지어졌다. 공간이면서 손님을 주로 맞이하는 1층과 프라이빗한 공간들이 많은 2·3층 구조를 달리한 것인데, 덕분에 1층은 구조적 안정감과 함께 주방과 거실 등 공간을 시원하고 넓게 쓸 수 있었고, 2·3층은 목구조의 아늑함과 조용함을 확보할 수 있었다.

내부마감재
벽 – 친환경 도장, 웨인스코팅, 클래식 몰딩,
친환경 벽지 / 바닥 – 폴리싱 타일, 구정마루
강마루 헤링본 시공

욕실 타일 및 주방 타일
폴리싱타일, 디자인타일

수전 등 욕실기기
대림바스플랜, 더죤테크

주방 가구·붙박이장
건축주 직영 제작

조명
디자인 조명

계단재·난간
단조난간, 골드 SUS 유리난간

현관문
코렐도어

방문
주문제작

조경
더라임

사진
변종석

설계·시공
더죤하우징 www.dujon.co.kr

가족실은 폴딩도어로 포치와 나눠졌는데,
포치에는 넓은 주방과 함께 테이블을 둬
식구들이나, 자녀들의 친구들이 모여
시간을 보내기에 좋다.

실내에 들어서면 전반적으로 화이트톤 바탕에
웨인스코팅 마감이 만드는 프렌치 모던한
분위기의 넉넉한 볼륨의 거실을 만나게 된다.
거실은 건축주의 요청으로 2층 천장까지 오픈한
보이드 공간과 함께 보이드 공간 남측, 동측으로
충분하게 낸 채광창 덕분에 종일 여유롭고 늘
밝다. 여기에 천장에 설치된 크리스탈 샹들리에는
햇살이 드리우면 거실에는 아름답고 영롱한
빛그림자를 만든다. 거실 동측에는 주방과 식당을
넉넉한 크기로 배치했고, 식당에는 넓은
폴딩도어를 두어 주방에서 외부 마당까지
자유로이 소통하며 맞통풍과 채광을 들일 수 있게
했다.

작은 아치 창문이 포인트가 되어주는 계단을 올라
2층에 들어서면 웜 그레이 컬러로 조금 톤 다운해
안락한 분위기를 연출한 안방이 자리한다. 다락을
따로 두지 않아 천장고가 높은 3층에는 두 자녀의
방과 욕실, 그리고 포치와 가족실을 배치했다.
가족실은 폴딩도어로 포치와 나눠줬는데,
포치에는 넓은 주방과 함께 테이블을 둬
식구들이나, 자녀들의 친구들이 모여 담소를
나누며 시간을 보내기에 안성맞춤이다. 3층은
지붕 바로 아래인 만큼 계단실과 욕실에는 천창을
설치해 넉넉한 채광을 확보했다. 건축주는
"나중에서야 설계를 변경해 천창을 넣었는데, 집
안에서 천창을 통해 보는 해 지는 모습과
밤하늘이 무척 신기했다"며 만족감을 드러냈다.
그 외에도 특별히 신경 쓴 단열과 기밀 성능도,
이번 기록적인 한파에도 아파트와 별반 다르지
않은 난방비 고지서로 충분히 증명됐다.

❽ 정면으로는 욕실, 오른편 아치 문 너머로는 파우더룸, 커튼 너머로는 부부가 간단히 차를 즐기는 테라스로 이동할 수 있다.

❾ 골드&화이트 색 배치로 고급스러운 느낌을 더한 건식 욕실.

❿ 박공면을 살려 높아진 천장 가운데에 천창을 두어 환한 자녀방.

⓫ 3층 포치 공간에는 주방과 냉장고 등을 갖춰 간단한 조리나 다과를 준비하기 편리하다.

⓬ 디자인을 공부하는 두 자녀의 조언으로 여러 부분을 개선했는데, 3층 가족실의 큰 전면창도 그 중 하나. 원래는 훨씬 작은 창이었다고.

⓭ 안방 옆 테라스. 겨울인 지금은 쉬고 있지만, 여름에는 종종 부부가 저녁에 시원한 맥주를 나누곤 한다.

⓮ 채광으로도 훌륭하지만, 저녁이 되면 이 천창으로 노을빛이 가득 담긴다.

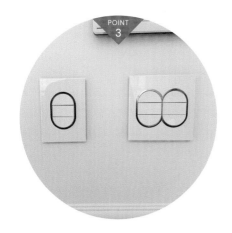

POINT 1 - 전기 벽난로

벽난로가 주는 포근한 분위기는 갖고 싶지만,
실내 공기 오염은 걱정될 때, 전기 벽난로는
분위기와 쾌적함을 모두 충족하는 아이템이
된다.

POINT 2 - 현관 옆 팬트리

깔끔한 인테리어는 보이지 않는 수납력에서
온다. 계단실 아래 창고 등 자투리 공간을
활용해 곳곳에 없는 듯 넉넉한 수납공간을
확보했다.

POINT 3 - 프리미엄 스위치

스위치는 프랑스 산 제품을 적용했다.
스위치는 하루에도 몇 번씩 손으로 만지고
바라보게 되는 만큼 투자 대비 만족도가 높은
아이템 중 하나다.

욕실에서는 풍경과 햇살을 누리며 월풀 목욕을 즐긴다.

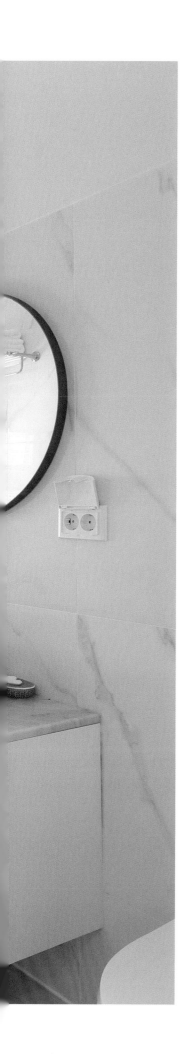

SECTION

① 현관 ② 팬트리 ③ 거실 ④ 주방 ⑤ 식당 ⑥ 욕실 ⑦ 다용도실 ⑧ 보일러실
⑨ 데크 ⑩ 드레스룸 ⑪ 방 ⑫ 파우더룸 ⑬ 포치 ⑭ 가족실 ⑮ 서재

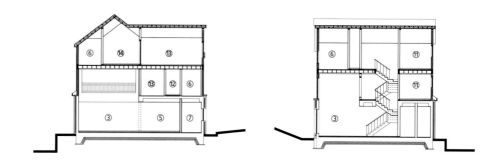

PLAN

3F - 71.11m²

2F - 70.14m²

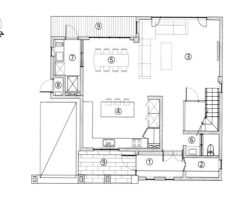

1F - 97.12m²

딩굴딩굴, 한가롭게 노니듯
한유재[閑遊齋]

구도심 작은 땅 위,
세 가족의 평생을
책임질 하얀 집.
건축주, 건축가,
시공사 모두의 열정을 모아
만들어진 보금자리다.

❶ 꼭대기의 측창 디테일이 집의 외관에 그대로 이어져 재밌는 인상을 준다.

❷ 살짝 사선으로 내어진 현관은 팬트리룸을 포함해 넉넉하게 구성됐다.

대지위치	연면적	구조	철물하드웨어
세종특별자치시	93.83㎡(28.38평)	일반목구조	심슨스트롱타이, 메가타이
대지면적	**건폐율**	**단열재**	**에너지원**
92.00㎡(27.83평)	58.53%	T50 준불연 단열재, 수성연질폼	기름보일러(경동콘덴싱)
건물규모	**용적률**	**외부마감재**	
지상 2층 + 다락	101.99%	외벽 – 스터코플렉스 / 지붕 –	
거주인원	**주차대수**	알루미늄징크(페이샤+소핏), 이중그림자싱글	
3명(부부+자녀1)	1대	**창호재**	
건축면적	**최고높이**	Aluplast aevo 39mm	
53.85㎡(15.99평)	12.00m	독일식창호(에너지등급 1등급)	

홍형진, 김지혜 씨 부부는 결혼할 때부터 아파트가 아닌 주택에 뜻을 뒀다. 유유자적 걱정 없이, 옹기종기 가족만이 모여 있는 '우리 집'이 최고라고 여겼기 때문일까. 구옥 전세를 살며 추위에 시달렸어도 집에 대한 취향만큼은 확고했다. 아들이 태어나고 자라나면서 이 취향에 소망까지 더해지기 시작했다. 아이에게도 주택에서만 느낄 수 있는 즐거움과, 오롯이 가족이 함께일 때 느끼는 행복을 주고 싶다는 소망. 이런 바람들을 구체화시키기 위해서는 건축주의 고민과 공부만으로는 부족하다고 생각했다. 그래서 건축주만의 슈퍼스타가 되어줄 건축사를 찾기 시작했다. 잡지를 넘겨보다 부부가 바라는 모습과 비슷한 집, 그 옆의 KDDH 건축이라는 이름을 보고 무작정 전화를 걸었고, 시원스레 미팅이 잡혔다. 세 가족의 보금자리, 한유재 건축기의 시작이었다.

건축가와 건축주, 그리고 시공사 모두에게 가장 큰 미션은 2억 원이라는 초기 예산이었다. 구옥을 사서 리모델링을 할 생각도 했지만 이왕이면 처음부터 가족에게 꼭 맞게, 소위 '평생 집'으로 삼을 만큼 후회 없이 짓고 싶었다. 몇 번을 이동하며 고민 끝에 1억 2천만 원 남짓에 구매한 구도심 대지. 34평이라는 평수는 작지 않았지만 도로 덕에 10평 정도를 제하고 시작하니 집이 올라갈 수 있는 면적이 크게 줄었다. 부부는 처음부터 커다란 집이 아닌 작지만 내실이 있는 집을 원했다. 그러나 작은 집에도 분명 생각지 못하게 필요한 것들이 있었고, 또 처음에 막연히 포함될 수 있다고 생각했던 게 욕심이 되기도 했다. 당초 계획보다 많은 예산이 들기도 했고, 기초 공사 과정 중 물이 새어 고이는 것을 발견하는 난관도 겪었다. 팽이기초로 변경된 것 또한 이 때문이다. 그러나 이러한 일련의 과정 덕에 부부는 끝없이 집에 대해 공부하며, 이 과정에 즐겁게 임했다. 마침 미래의 집이 될 공사 현장은 아내 지혜 씨의 직장이자 아들 재인이의 학교 바로 근처에 위치하고 있었기에 자연스레 성실한 건축주가 될 수 있었다.

"저희가 운이 좋았던 부분인 것 같아요. 매일매일 출근하는 길에 공사 과정을 눈으로 볼 수 있었으니까요. 한여름에 고생하시는 분들과 직접 이야기도 나누면서 신뢰도 쌓이고, 감사함도 느끼면서 좋은 집에 대해 더 많이 생각할 여지가 있었던 것 같아요."

현재의 도로와, 미래에 생겨날 도로가 교차되는 위치와 땅 모양을 읽어 절묘하게 올려진 하얀 집. 현관이 있는 외벽의 마감재가 홀로 다른 질감인 것 또한 현장을 지켜보던 부부가 직접 의견을 낸 덕분이다. 남서향으로 모서리가 향하는 모양새였기에 루버의 질감을 가진 벽면은 빛을 받아들이며 자칫 단조로울 수 있는 하얀 벽면을 입체적으로 잘 살려낸 포인트가 되었다.

"집을 가족에게 맞출 수 있다는 것이 가장 큰 의미인 것 같아요"

조치원 한유재 건축 비용

설계비	2,500만원
대지	1억 2,000만원
기초 (팽이기초 포함)	3,500만원
골조	5,600만원
지붕, 외장	2,000만원
창호, 도어	2,900만원
단열, 난방	1,500만원
내장	6,500만원
합계	3억 6,500만원

(2022 기준 / 공사 조건과 자재 선택에 따라 비용 상이)

건축주 가족

한유재는 예산 계획 면에 있어 신경을 많이 쓰고, 동시에 평생 살 집을 염두에 두고 지은 집이에요. 조치원은 직장이나 앞으로의 학군, 인프라도 물론 강점이었지만, 동시에 읍이었기에 전 지역이 농촌주거개량사업에 해당이 되어 좋은 이자 조건으로 대출도 가능했습니다. 작은 땅에 도로 인접이라는 조건은 건축적인 여러 아이디어로 해결할 수 있었죠.

내부마감재
벽 - LX하우시스 합지벽지 / 바닥 -
메라톤플로링 강마루

욕실 및 주방 타일
스페인 수입타일 등

수전 등 욕실기기
아메리칸스탠다드

주방 가구
우림싱크(주문제작)

조명
LED조명, 을지로라인 조명 등

계단재·난간
자작합판 + 평철난간

현관문
내추럴 솔라오크

중문
공감도어 슬림 2연동 모루유리

방문
영림도어

전기·기계
㈜대림엠이씨

설비
㈜대림엠이씨

구조설계(내진)
두항구조

사진
변종석

시공
프라임하우징 박종철

설계
건축사사무소 KDDH
(김도연, 손정용, 손승희, 김아름, 김미선)
www.kddh.kr

❸ 계단실 맨 밑의 공간에는 아이를 위한 작은
서재를 만들어뒀다.

❹ 집에 처음 들어오면 보이는 주방과 다이닝
공간. 시원하게 낸 창과 별도의 출입구에서도
채광이 확보됐다.

❺ 1층의 다이닝 공간은 집과 가족의 핵심
공간이다. 계단을 통해 스킵플로어로 마련한
거실로 진입하며 위로 갈수록 개인 공간으로
통하는 동선이다.

❻ 측창의 빛으로 환한 계단실의 끝. 일명 '환희의
공간'으로 집이 가진 한계와 공간에 사는 재미를
더하기 위한 요소다.

내부 공간 구성 또한 프로젝트 내내 많은 소통을 통해 이뤄졌다. 특히 작은 부지 면적에 여유 있는 공간을 구성하기 위해 용적률을 최대치로 끌어올렸다. 적극적으로 활용한 스킵플로어와 그로 인해 뻗어가듯 확장되는 다락방, 그리고 계단실은 한유재의 핵심 건축 요소다. 도로를 면한 필지의 작은 집에서 어쩔 수 없이 창문을 온전히 활용하지 못할 것을 예상해 채광과 공간감을 확보하고, 더불어 필수적인 요소가 된 높은 계단실을 오르내리는 동선의 지루함을 덜어줄 필요가 있었다. 1층과 1.5층에는 주방과 거실 등의 공용 공간, 또 거기서부터 아이방과 침실을 지나쳐 부부 각자의 다락방이라는 개인 공간이 나오기까지, 이 모든 이동이 이루어지는 계단실은 오르면 오를수록 측창의 빛으로 점점 밝아진다. 집의 부속이 아닌, 이 집에 지내는 맛을 느낄 수 있는

'공간'으로서 작동시키기 위해 계단실을 벽에서 살짝 띄워줬다. 건축가의 의도와 걸맞게 16평 규모로 보이지 않을 정도로 넓게 느껴진다. 세탁실과 베란다, 아이를 위한 비밀 공간과 드레스룸까지, 자투리 공간 안에 알차게 담아낸 것은 물론이다. "집 짓기를 원하시는 예비 건축주 분들에게 조언하자면, '빨리' 계획을 시작하라고 권해드리고 싶어요. 시장 상황도 경제적인 여건도 언제 변동될지 모르니까요. 또 계획을 구체화시켜줄 건축가분을 찾고 꼭 많이 대화해보라고 말씀드리고 싶어요." 한유재, 한가롭게 뒹굴뒹굴 놀기 위한 집이라는 뜻에서 붙여진 이름이다. 그래서일까? 건축적으로는 각지고 뾰족하지만, 가족의 여유가 닿아 부드러운 느낌이 감돈다. 뜨거운 여름날, 모두의 열정으로 빚어낸 집에 걸맞는 행복이다.

❼ 스킵플로어 구성으로 인해 계단실은 집안 곳곳으로 뻗어나가는 캐릭터를 갖게 됐다.

❽ 거실 겸 가족실에서는 또 한번 계단으로 단차를 둬 단조롭지 않은 공간을 만들었다.

❾ 가장 볕이 잘 드는 위치에 둔 아이방. 옆쪽으로 남는 공간은 어린이가 가장 자유롭게 드나들 수 크기의 비밀 공간이다.

❿ 2층에 위치한 안방은 높은 천장과 드레스룸과 함께 위치하고 있다. 위쪽으로 는 남편 형진 씨의 다락방이 시선으로 이어진다.

⓫ 사선으로 그려져 남게 된 삼각형의 공간에 세탁실과 발코니를 채워넣었다.

⓬ 박공지붕선의 형태가 감각적인 안방 화장실.

⓭ 계단을 끝까지 오르면 보이는 고측창과 루버 디테일. 도로로 꽉 막힌 집에 채광을 확보하기 위한 한 수였다.

⓮ 가장 윗층에서 왼쪽에 위치한 지혜 씨만의 다락방. 작은 서고와 취미실의 역할을 함께 한다.

⓯ 계단실 오른쪽에는 형진 씨가 음악 감상 등을 즐기는 다락방이 있다. 내부 창문을 열면 안방까지 시선이 닿는다.

16

SECTION

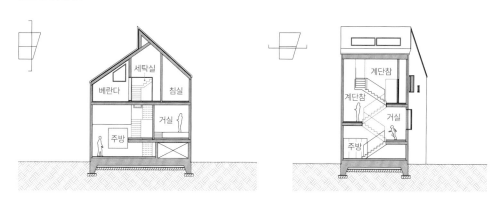

PLAN

⑯ ⑰ 모든 층에 스킵플로어를 내어 교차하는
다락의 연출이 가능했다. 꼭대기의 측창
디테일이 집의 외관에 그대로 이어져 재밌는
인상을 준다.

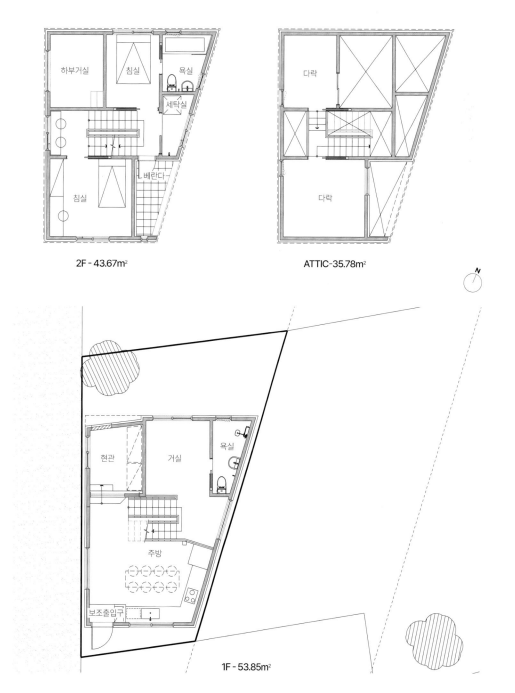

2F - 43.67m²

ATTIC-35.78m²

1F - 53.85m²

가족과 함께 한다는 것
세종 물결지붕집

아파트를 떠나
세 아이를 위해
지은 단독주택.
원하는 것을 충실히 담은
반듯한 콘크리트 박스 위
특별한 지붕이 인상적이다.

❶ 시점에 달라 보이는 지붕의 실루엣

❷ 마당은 아이들과 운동, 캠핑 등 다양한 활동을 멀리 나가지 않고도 집에서 할 수 있는 장소가 된다.

❸ 현관 앞 캐노피는 집 안팎을 이어주는 준비 공간으로, 에워싸서 보호해주는 듯한 공간감을 연출한다.

대지위치 세종특별자치시	**건폐율** 38.1%(법정 50%)	**단열재** 비드법보온판, 경질우레탄폼
대지면적 315㎡(95.28평)	**용적률** 63.3%(법정 100%)	**외부마감재** 외벽 - 컬러시멘트타일 / 지붕 - 컬러강판
건물규모 지상 2층	**주차대수** 2대	**창호재** 공간창호 T35 투명일면로이삼중유리
거주인원 5명(부부 + 자녀 3)	**최고높이** 8.5m	**열회수환기장치** 벽부직결형(벤투스)
건축면적 119.1㎡(36.02평)	**구조** 기초 – 철근콘크리트 매트기초 / 지상 – 철근콘크리트구조 / 지붕 – 중목구조(중목구조 컨설팅 및 시공 : ㈜수피아건축)	**에너지원** 도시가스
연면적 199.5㎡(60.34평)		**전기·기계** 대도엔지니어링

줄지어 늘어선 필지들이 서서히 주인을 찾아가고 있는 신도시 택지지구. 이동우, 한레지나 씨 부부는 이 동네에 주택을 지어 살아가는 선두주자들이다.

치열한 직장생활로 아이들을 잘 챙기지 못했던 터. 이제부터라도 가족과 함께 충분한 시간을 보내고자 부부는 아파트에서는 느낄 수 없는 가치를 지닌 단독주택을 짓기로 결심했다.

"우리보다는 아이들을 위한 집을 짓고 싶었어요. 그래서 아이들이 더 크기 전에 서둘러 실천하게 되었죠"

부부는 전형적인 다락방을 탈피한, 지붕이 특별한 집을 원했다. 그런 이미지의 지붕을 물색하다 나비지붕집을 접했고, 깊은풍경건축사사무소 천경환 소장과 인연을 맺었다.

"요청사항이 확실했어요. 가사 노동을 줄여줄 커다란 옷방과 세탁실, 모두가 모이는 가족실, 노천탕 느낌의 욕실 등 건축주가 뚜렷한 가치관을 가지고 있어 더 즐겁게 작업할 수 있었습니다."

천 소장은 프라이버시를 중요하게 생각한 건축주를 위해 마당을 한 공간에 모았고, 건축주의 요구사항을 반영한 'T'자형의 평면을 제안했다.

1층은 가사 노동을 덜고자 하는 그들의 라이프스타일에 맞춰 설계했다. 현관에 들어서면 세면실에서 손을 씻고 옷방에서 환복한 뒤 가족실을 거쳐 각자의 방으로 흩어지는 동선이다. 가족실은 집의 중심공간으로, 벤치와 계단, 높은 책장을 지나 2층으로 연결된다.

2층은 부부침실, 자녀방, 욕실로 구성되었다. 각 방은 복도로 이어지고 복도와 창을 정렬하여 시선이 멀리 뻗을 수 있게 하였다.

ARCHITECTURE TIP

물결지붕집의 시공과정

시공에서 중요한 포인트는 세 가지였다. 첫째는 '콘크리트와 중목구조를 결합한 하이브리드 공법', 둘째는 '경질우레탄폼을 통한 단열 극대화', 셋째는 '무거워 보일 수 있는 지붕을 가볍게 하기 위한 경량목구조의 사용'이다.

중목구조로 지붕 뼈대를 만들었다. 삼각형 지붕의 구조를 풀기 위해 시뮬레이션 작업(수피아건축)을 진행했다. 설하중과 풍하중을 견딜 수 있도록 중목구조에 금속철물을 매립 시공하였다.

지붕을 최대한 가볍게 연출하기 위해 중목과 경량목을 혼합해 실제 무게를 줄였다. 덕분에 단열과 디자인에도 가능성이 많아졌다.

하얀 도장과 투명한 유리로 공간을 구획하면서 집 특유의 지붕 모양을 완성했다. 구조체를 숨기지 않고 드러내 미적 효과를 주었다.

나무 쫄대 사이에 단열재를 잘라 붙이고 경질우레탄폼을 빈틈 없이 채웠다. 이 방법으로 상부 공기층을 만드는 수고를 덜어냈다.

도움말
하우스컬처 김호기 소장

내부마감재
벽, 천장 – 친환경 페인트(삼화페인트),
실크벽지(LX하우시스 베스띠, 실크테라피,
서울벽지) / 바닥 – 강마루, 포세린 타일(수입산)

욕실 및 주방 타일
바스디포

수전 등 욕실기기
대림바스, 아메리칸스탠다드

조명
중앙조명

방문
태창도어(제작)

주방 가구
SUS(바이브레이션), 도장도어

구조설계
위너스

인테리어
디자인컨설팅 아비드존 전진화

사진
변종석

설계
깊은풍경건축사사무소
www.thescape.co.kr

설계담당
천경환, 박윤선

시공
하우스컬처 김호기
https://cafe.naver.com/hausculture

물결 지붕의 아랫면, 2층의 천장은 방을
구분하는 고창(Clerestory)을 가로질러
일렁이듯 굽어친다.

POINT 1 - 한곳에 모아둔 옷방

귀가 후 바로 손을 씻고 옷을 갈아 입을 수 있도록 동선을 계획했다. 집합수납은 빨래를 모으고 옷을 각 방에 두는 가사 노동의 수고를 덜어준다.

POINT 2 - 목욕탕같은 욕실

어린 시절 향수를 생각하며 아이들을 위해 남편이 가장 중요시 여겼던 부분 중 하나인 욕실. 넉넉한 크기의 욕탕 너머 문을 열고 나가면 히노끼 노천탕도 있다.

❹ 현관, 주방, 2층 어디서든 보이는 집의 중심 가족실. 테이블에 둘러 앉아 게임, 숙제 등을 하는 공간이다.

❺ 미니멀한 느낌의 주방. 아일랜드의 방향과 마당을 향해 열린 큰 창 덕분에 식사 준비를 하면서도 아이들이 잘 놀고 있는지 한눈에 파악할 수 있다.

❻ 게스트룸에서 가족실까지 연결하는 복도 공간

❼❿ 부부와 아이들 침실. 각 방의 세모난 고창으로 채광을 누리고 외부의 시선으로부터 프라이버시를 지킬 수 있다.

❽ 복도와 문, 창문을 정렬하여 시선이 최대한 멀리 뻗어 나갈 수 있게 하였다.

❾ 침실 가벽 안쪽에 파우더룸을 두고 샤워실, 변기실을 분리 배치했다.

이 집의 백미는 단연 물결을 연상시키는 비정형 고창에 있다. 천장과 벽 사이 사방으로 뚫린 고창으로 햇빛이 들어와 집 안이지만 마치 바깥에 나와 있는 듯한 느낌이다. 또한, 밤이 되면 막힌 벽 사이로 새어나는 불빛은 가족이 서로를 계속 의식하고 배려할 수 있게 하는 장치이기도 하다.

이 접힌 형태의 복잡한 천장을 구현하기 위해 지붕은 시공성과 단열 성능을 염두에 두고 콘크리트가 아닌 중목구조를 도입했다. 형태를 구현하는 과정에서 지구단위계획지침으로 인한 까다로운 공정의 어려움이 있었지만, 시공사의 성실한 태도와 노력, 소통하고자 하는 의지 덕분에 의도한 형태와 최적의 두께를 가진, 날렵한 지붕을 얻을 수 있었다.

그렇게 물결이 일렁이듯, 종이를 접은 듯 꺾인 지붕은 바라보는 곳에 따라 색다른 모습을 드러내는 주택의 아이덴티티가 되었다. 시공을 맡은 하우스컬처의 김호기 소장은 "이 집의 시공상 가장 큰 특징은 콘크리트와 중목구조의 하이브리드 결합이었다"며, 견고한 매스 위 가벼운 천장을 위해 뼈대를 그대로 노출하는 것이 집의 특징이나 매력을 최대한 살린다 생각했다"고 콘크리트의 본체와 중목구조의 삼각형 지붕 구조에 대해 설명했다.

하루종일 밖을 나가지 않고 함께 있는 것만으로도 즐겁다는 부부. 집 안에서 천장을 올려다 보는 것은 가족의 큰 행복 중 하나가 되었다. 아이들과의 추억이 점점 쌓여가고 우리만의 스토리가 생기는 것이 가장 뿌듯하다고 레지나 씨는 덧붙인다.

단지 내 먼저 지어진 데다 독특한 외관으로 지나가는 사람들의 호기심 어린 질문을 많이 받는 집. 집짓기 과정이 즐거웠던 터라 흔쾌히 설명해주는 건축주의 넓은 마음에 어울리는 이웃들이 머지않아 생기길 기대해 본다.

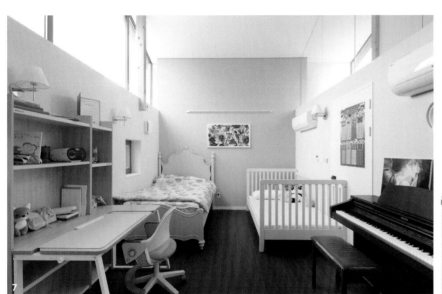

SECTION

① 현관 ② 창고 ③ 전실 ④ 게스트룸 ⑤ 가족실 ⑥ 파우더룸
⑦ 욕실 ⑧ 옷방 ⑨ 다용도실 ⑩ 거실 ⑪ 주방/식당 ⑫ 침실
⑬ 화장실 ⑭ 서재 ⑮ 샤워실 ⑯ 주차장

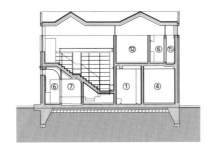
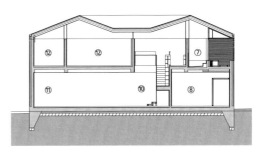

PLAN

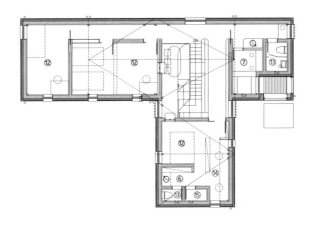

2F - 89.9m²

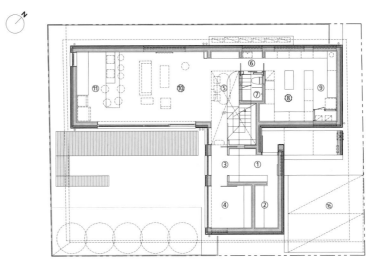

1F - 109.6m²

계단참이 연장된 듯한 벤치 등 다양한 곳에
앉아 책을 읽고 서로를 마주한다. 계단
아래 공간은 조명까지 달아 아이들에게
아지트 같은 장소가 된다.

세 친구가 함께 그린 집다운 집
제주 1.7ℓ 패시브하우스

천혜의 자연을
간직한 섬, 제주도.
제2의 인생을 찾아 정착하는
이들이 늘고 있다.
그러나 여행과 생활은
다른 법. 모름지기
집은 집다워야 한다.

한국패시브건축협회의 공식적인 인증을
획득한 제주 4, 5호 패시브 주택이다. 1.7ℓ는
실내 온도 20°C를 유지하기 위한 m²당 연간
냉난방 에너지 사용량을 의미한다.

벚꽃 축제로 유명한 제주 애월읍. 육지보다 이른 개화 소식에 봄이면 많은 인파가 몰린다. 잠깐 머물다 가기 좋은 곳은 보통 거주지로는 인기가 없다는데, 이곳은 뭔가 다르다.

"저희 아이가 다니는 장전초등학교가 2014년만 해도 전교생 100명도 안 되어 폐교 위기였대요. 5학년인 지금은 230명이 넘어요. 정착해서 아이를 키우는 젊은 부부가 늘었다는 뜻이죠."

편안하우징 박남수 대표의 말이다. 제주를 떠난 지 20여 년 만에 귀향한 그는 장전리에 패시브하우스를 지었다. 많은 이들이 물었다. '제주도는 따뜻하지 않아?', '패시브하우스일 필요까지 있어?'.

인증만 받지 않았을 뿐 패시브하우스와 거의 동일한 스펙으로 지은 집에 가족과 함께 4년간 직접 살아본 그는 패시브하우스는 단순히 '단열 좋은 집'이 아니라고 말한다.

"사는 사람은 알아요. 날씨 변화도 심하고, 중산간 지역은 일교차도 커요. 처음엔 혹하지만, 거주지로 바닷가는 하자에 취약하죠. 자연환경과 시대적 요구를 고민해 보니 답은 정해져 있더라고요." 비슷한 시기에 귀향한 20년 지기 친구인 건축사사무소 예일의 고시완 이사와 제주 패시브하우스 1호 주택을 시공한 JEJUPH의 최호연 대표가 그와 뜻을 같이했다. 이미 박 대표의 집을 함께 지어본 바 있어 소통은 수월했다.

우선 외기에 면하는 면적을 줄여 콤팩트한 매스로

대지위치	연면적	구조	창호재
제주특별자치도 제주시	145.44㎡(43.99평)	기초 - 철근콘크리트 매트기초 / 지상 - 경량목구조 벽 : 2×6 구조목, 지붕 : 2×12 구조목	레하우 게네오 86mm PVC 삼중창호(에너지등급 1등급)
대지면적	건폐율	단열재	철물하드웨어
297㎡(89.84평)	24.4%	외벽 - 가등급 그라스울 24K / 지붕 가등급 그라스울 48K, 비드법단열재 1종1호 200mm	심슨스트롱타이
건물규모	용적률		열회수환기장치
지상 2층 + 다락	33.06%	외부마감재	SSK SD-400
건축면적	주차대수	외벽 - 아이큐브 세라믹사이딩 / 지붕 - 케뮤 세라믹 지붕재	에너지원
72.54㎡(21.94평)	1대	담장재	LPG, 태양광 3kW
	최고높이	더올포엠 디자인블록 D-02, 제주 현무암 겹담	
	9.08m		

❶ 세라믹사이딩과 케뮤 지붕재 등 유지·관리가 편한 외장재를 적용한 외관. 남쪽에는 창을 크게 낸 대신 일사고도를 계산한 길이의 처마를 달고 탄화목으로 마감했다.

❷ 동일한 스펙으로 나란히 지어진 두 채의 패시브하우스. 태양광(3kW)를 설치해 전기요금 절약을 기대할 수 있다.

❸❹ 남향이 아닌 면은 조망과 채광을 고려해 창을 계획한 한편, 다른 면은 여름철 직사광선 유입 차단을 위해 외부전동차양장치를 달았다.

❺ 데크에서 대화를 나누는 집을 함께 지은 세 친구. 왼쪽에서부터 최호연 대표(시공), 박남수 대표(시행), 고시완 이사(설계).

POINT 1 - 기초 L 앵커 용접과 토대목 수평

기초 철근과 L 앵커를 직접 용접해 벽체와의 결속을 더욱 단단하게 했다. 토대목은 쐐기을 박는 대신 전기 대패로 꼼꼼히 깎아 수평을 맞췄다.

POINT 2 - 연결철물과 가변형 투습방습지

바람이 강한 제주 지역의 특성과 지진에 대비하기 위해 브레이싱, 허리케인 타이 등 연결철물을 적재적소에 설치하고, 기밀을 위한 가변형 투습방습지를 붙였다.

내부마감재
벽 – 던에드워드 친환경 도장, LX하우시스 벽지 /
바닥 – 스타 강마루

욕실 및 주방 타일
윤앤정타일, 흥도건재

수전 등 욕실기기
대림바스, 아메리칸스탠다드, 이케아

주방 가구
영림 고광택 강화유리도어 싱크대(블룸 하드웨어

식기세척기 및 전기레인지
지멘스

조명
제주평화조명, 공간조명 LED조명

계단재·난간
자작나무 + 평철난간

현관문
코렐 단열압착 도어

중문
영림 노출행어 슬라이딩 도어

에어컨
삼성 무풍 시스템에어컨

홈 오토메이션
삼성 IoT

보일러
경동 콘덴싱보일러(1등급)

구조·내진설계
한길 구조엔지니어링

사진
변종석

분양
편안하우징
https://blog.naver.com/aquietlife2013

설계
건축사사무소 예일

시공
제주 패시브하우스
https://blog.naver.com/jejuph

2층에서 바라본 1층 거실. 창을 열고 나가면
바로 데크가 있어 공간이 확장된 경험을
하는 동시에 맨발로 밖을 거니는 즐거움이
있다.

제주 1.7ℓ 패시브하우스 ————————————— 단독·전원주택 설계집 A2

구성하되, 관리가 쉽도록 적정 면적을 고민했다. 실내가 좁게 느껴지지 않도록 거실의 층고를 2층까지 높이고 시야가 통하는 통로마다 창을 배치해 개방감을 주었다. 건축한계선에 바짝 붙여 지으면 바람이 많이 부는 제주에선 그 통로로 쓰레기가 모이기 쉬운 것까지 고려하는 등 집 자체만이 아닌 내외부까지 신경 썼다.

문제는 시공이었다. 섬이라 패시브 건축 자재 수급이 쉽지 않아 육지 업체와의 견적과 운송료 비교 등이 관건이었다. 아직 패시브하우스 불모지인 제주에는 시공 원리를 이해하는 작업 인력이 적었지만, 패시브건축협회의 인증 절차와 직접 관리하는 시공팀을 보유한 최 대표 덕분에 무리 없이 진행되었다. 집도 자리를 잡는 시간이 필요한데, 육지에서 와 작업을 하고 다시 돌아가면 만에 하나 문제가 생겼을 때 곤란한 실정. 최 대표는 집을 지을 때 같은 지역에서 제대로 작업하는 사람을 찾고, 그 사람이 오가며 A/S를 봐줄 수 있는 것도 중요한 지점이라고 강조한다. 과열 개발로 인해 제주도의 부동산 시장이 주춤하다며 유입 인구도 눈에 띄게 줄었다는 요즘. 이러한 상황 속에서 화려한 인테리어 대신 집의 본질이 무엇인지 묻고 이 집은 그 대답으로 지어졌다.

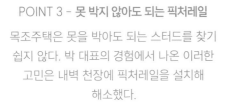

POINT 3 – 못 박지 않아도 되는 픽처레일
목조주택은 못을 박아도 되는 스터드를 찾기 쉽지 않다. 박 대표의 경험에서 나온 이러한 고민은 내벽 천장에 픽처레일을 설치해 해소했다.

POINT 4 – 온수 나오는 야외 수돗가
바비큐 파티 등 조리 후에는 설거지를 하거나 아이들 물놀이 공간 등 적잖이 물을 쓸 일이 많다. 야외 개수대에도 온수를 연결해 더 폭넓게 사용할 수 있게 했다.

❻ 탁 트인 느낌의 거실. 측벽을 장식한 오동나무 루버가 상승감을 더한다.

❼ 1, 2층이 서로 소통하도록 연결고리를 둔 덕분에 그리 크지 않은 면적에서도 답답함이 적다.

❽ 아일랜드의 싱크에서 물이 튀지 않도록 가벽의 높이를 조절했다. 주방 가구에는 블룸(Blum) 하드웨어를 적용해 수납력을 높였다.

❾ 욕실 바닥 전체에 난방 배관을 깔고 전용 컨트롤러를 설치했다. 환기구를 통해 들어오는 외부 공기를 조절할 수 있도록 전동 댐퍼도 달았다.

❿ 진입부에서 바로 2층으로 갈 수 있도록 동선을 효율적으로 짰다.

⓫ 곳곳에 배치한 창 덕분에 조명 없이도 한낮에는 충분히 밝은 계단실

POINT 5 - 쾌적한 실내 위한 열회수환기장치

패시브하우스의 완성은 쾌적한 공기질. 미세먼지뿐만 아니라 실내에서 발생하는 이산화탄소 등을 원활히 배출하기 위해 열회수환기장치를 달았다.

POINT 6 - 블로어도어 테스트

집의 기밀도를 측정하는 테스트로 단순히 수치를 얻기 위함이 아니라 문제를 파악하고 개선하기 위해 기밀 공사 후, 완공 후 총 두 차례 실시했다(패시브건축협회 테스트 기준).

콤팩트해야 하는 패시브하우스의 구성은 심플하고 담백한 요즘 주택 트렌드에도 맞아 떨어진다

SECTION

①현관 ②욕실 ③방 ④거실 ⑤주방 ⑥다용도실 ⑦마당 ⑧다락

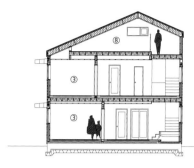
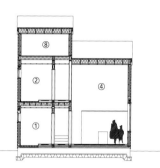

PLAN

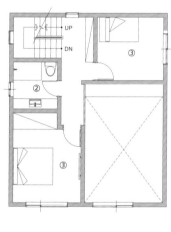

2F - 47.3m²

ATTIC - 25.8m²

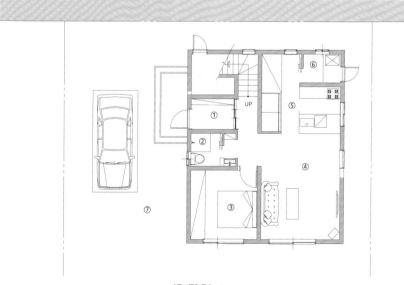

1F - 72.54m²

풍경의 여유를 온기로 나누는 집
대구 선연재[宣緣齋]

늘 여유로운
팔공산 자락에 자리한
모던 하우스.
안에서는
정겨운 추억과 풍류가
뭉게뭉게 피어오른다.

"아마도 인생에 있어 만날 마지막 집일 것 같으니까. 후회 한 점 남기고 싶지 않았죠." 건축주 장호용, 황수현 씨 부부는 늘 시골에서의 삶을 꿈꿨다. 어린 시절 성장 과정에 각인된 시골과 주택의 기억은 시간이 지나고 나이가 들어도 희미해지기는커녕 점점 향수병처럼 강해졌다. 어느 날 늘 챙겨보던 월간지에서 '공감로하 건축사사무소' 정의환 소장의 주택을 보고 인연을 느낀 건축주. 서울로 찾아가 정 소장과 미팅하고 나서 흐릿했던 머릿속 주택이 선명해지기 시작하는 것을 느낀 건축주는 그렇게 정 소장과 손을 잡았다. 설계를 마치고 여러모로 쉽지만은 않았던 시공마저 끝내고 부부는 산세가 여유롭게 품어주는 이 집에서 첫 겨울나기를 시작했다.

주택은 마을에서도 비교적 위쪽에 넓게 펼쳐진 대지 위에 풍수지리적인 관점까지 고려해 방향을 잡아 2층 규모로 동서로 길게 앉혀졌다. 배치된 주택은 단순한 직사각형 매스를 갖기보다는 'ㄷ'자 형태의 알코브 공간이나 실내 정원 등으로 주변 풍경, 외부 공간과 자연스레 얽히고 또 들일 수 있도록 했다. 외부는 1층 모노타일과 2층 포세린 타일이 블랙&화이트의 대비를 이루면서도 주변 산세에 녹아들 수 있게 비중과 위치를 조정해줬다. 캔틸레버 구조 덕분에 자연스럽게 형성된 포치를 통해 현관문을 열고 들어서면 현관-안방 건너편까지 한눈에 이어져있음을 느낄 수 있다.

❶ 2층 매스가 만드는 캔틸레버 구조가 주택의 동측에 웅장함을 더한다.

❷ 레벨을 낮춰 만든 아궁이. 이른 새벽에 불을 피우며 멀리 산 아래를 내려다 보는 풍경이 일품이다.

❸ 틈새 사이 긴 창은 주택 외관의 단조로움을 피하면서 현관부터 끝까지 시야를 시원스레 연다.

❹ 집의 터를 닦을 때 나온 바위는 그대로 그 자리에 놓였다. 덕분에 그 자체로 무심한듯 훌륭한 조경 요소가 되었다.

대지위치	건축면적	최고높이	외부마감재
대구광역시	182.19㎡(55.11평)	7.7m	외장용 포세린 타일, 모노벽돌타일
대지면적	연면적	구조	창호재
962㎡(291평)	249.64㎡(75.52평)	기초 – 철근콘크리트 매트기초 / 지상 – 철근콘크리트	이건창호 알루미늄 시스템창호(에너지효율등급 1등급)
건물규모	건폐율	단열재	
본동 – 지상 2층 / 부속동(토굴) – 지하 1층	18.94%	기초 – 압출법보온판 1호 100mm, 압출법보온판 1호 60mm / 지상 - 외벽 : 비드법보온판 2종1호 150mm(외단열) + 열반사단열재 30mm(내단열), 지붕 : 비드법보온판 2종1호 200mm	에너지원
거주인원	용적률		LPG
2명(부부)	25.95%		
	주차대수		
	2대		

POINT 1 - **하나의 화장실, 두 개의 문**

활용빈도가 낮은 손님용 욕실을 따로 두는
대신 화장실을 욕실과 분리하고, 문을 두 개
설치해 공적-사적 용무 모두에 활용할 수
있게 했다.

POINT 2 - **영화 감상을 위한 디테일**

스크린쪽 창에는 암막커튼이 충분히
내려오도록 레벨을 내렸고, 측면에는 커튼
수납공간을 만들어줬다. 바닥에는 설비를
위한 배선을 해뒀다.

POINT 3 - **집 뒤편 토굴**

부지 절토면을 활용해 토굴을 만들어줬다.
사계절 고른 온도를 유지하는 토굴은
식재료를 저장하거나 발효음식을 만들 때 큰
도움이 된다.

내부마감재
벽 및 천장 – 규조토 / 바닥 – 독일 HARO
원목마루 / 황토방 – 월넛 원목 툇마루, 고급 한지

욕실 타일 및 주방 타일
이탈리아 MIRAGE 포세린 타일 등

수전 등 욕실기기
아메리칸스탠다드

주방 가구
리바트 가구

조명
포스카리니 Big Bang Pendant, 루이스 폴센 PH
5 Blue 등

계단재·난간
월넛 원목 + 평철 난간

현관문
리치도어 양개도어 현관문

붙박이장
리바트 가구

데크재
이페 원목 19㎜

인테리어
디자인 칠성 정수석

사진
변종석

시공
㈜리더스 종합건설

설계 담당
박상제, 고정환

설계
공감로하 건축사사무소 정의환

거실과 황토방 사이에는 아트월을 둬 틈새를
만들고, 작은 실내정원을 꾸몄다.

단독·전원주택 설계집 A2

대구 선연재[宣緣齋]

주택은 이 축을 따라 다용도실, 주방, 거실, 황토방, 안방 공간이 나열되며 심플하면서도
효과적인 동선이 놓였다. 거실은 실내의 중심 공간으로, 주방 겸 식당 공간과는 주방 가구로는
분리하되, 덩어리로는 연결될 수 있게 했다. 황토방은 건축주 부부가 취침이나 휴식 등 많은
시간을 보내는 곳으로, 구들장 공간을 확보하기 위해 레벨을 높이고 이 높이에 맞춰 툇마루를
만들어 정겨운 한옥의 정취를 더해줬다. 1층의 서측 끝에는 안방과 드레스룸, 욕실을 두고
슬라이드 도어로 분리해 프라이버시를 확보했다. 계단을 오르면 음악감상실과 작은 방, 옥상
테라스가 자리한 2층에 이르게 된다. 이중 특히 음악감상실은 남편 호용 씨의 취미를 집대성한
공간으로, 영화와 음악에 집중할 수 있도록 차광과 음향시설 배치를 위한 설계가 적용됐고,
영화를 보지 않을 때는 전면의 큰 창을 통해 팔공산의 능선을 바라볼 수 있다.

부부는 매일 집 이곳저곳에서 그간 못했던 주택 생활을 만끽한다. 집 뒤에 마련된 토굴에서는
아내 수현 씨가 직접 담근 새우젓과 담금주가 맛있게 익어가고, 저녁 어스름이 질 무렵에는 남편
호용 씨가 황토방을 덥히기 위해 아궁이에 불을 지피며 느긋하게 흐르는 시간을 즐긴다.

❺ 천연소재로 건강하게 꾸민 황토방. 좌식생활을 전제해 외부 환기구는 프레임이 시야를 가리지 않도록 높게 배치했다.

❻ 화장실을 별도로 분리해 단정하게 욕실을 정리했다.

❼ 현관 면적을 여유롭게 잡아 오가는 데 불편함을 줄였다.

❽ 담백하게 정리된 주방. 복도쪽으로는 루버를 대 시선을 적절히 걸러줬고, 바로 옆 알코브 공간에 식당을 뒀다.

❾ 계단실에는 키 큰 코너장과 벽난로를 둬 밝고 따뜻하며 동시에 넉넉한 공간 덕분에 시원스럽다.

❿ 음악감상실은 스크린쪽으로 갈수록 천장이 높아지게 설계돼 화면에 더욱 몰입할 수 있다.

⓫ 외부 활동과 음악감상실의 편의를 위해 준비한 2층 간이주방.

⓬ 옥상을 두르는 유리 난간은 골짜기의 강풍에 견딜 수 있도록 파라펫 위에 걸치지 않고 바닥 데크 골조에 직접 결합했다.

저녁 땅거미가 질 무렵의 주택 모습.

DIAGRAM & SECTION

① 현관 ② 다용도실 ③ 주방 ④ 거실 ⑤ 실내정원 ⑥ 황토방
⑦ 드레스룸 ⑧ 안방 ⑨ 욕실 ⑩ 화장실 ⑪ 복도 ⑫ 보일러실
⑬ 음악감상실 ⑭ 방 ⑮ 간이주방 ⑯ 옥상테라스

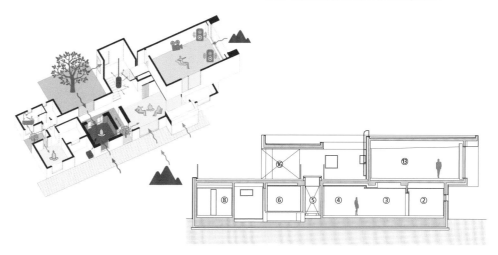

PLAN

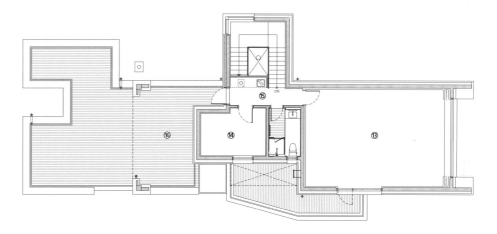

2F - 105.13m²

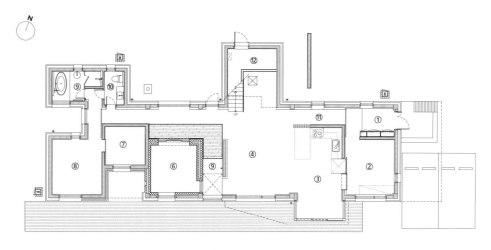

1F - 144.51m²

단독·전원주택 설계집 A2

—

시공 및 자재 파트너사

감각이란
이런것
라우체

HOTELIZE YOUR PLACE. IT IS CAPTIVATING.

복잡한 일상을 벗어나 휴양지를 찾으며 우리는 여행이 주는 즐거움보다
공간이 주는 호화로움에 취하고 싶은 순간이 있습니다.

라우체와 함께 꿈꾸던 공간을 현실로 실현시켜 보세요.
우아한 균형감의 디자인, 정교한 품질이 제공하는 새로운 경험
답은 라우체에 있습니다.

TILE · BASIN · BATHTUB · FAUCET · ACCESSORY · FURNITURE

FAUCETS   앨로이 1231BN

미스틱 8927BN

BASIN   스퀘어 1077WH

ACCESSORY   미스틱 31BN

미스틱 11BN

LAUCHE

Bêkjo

백조씽크

60년을 한결같이,
씽크만 생각했습니다.

Only think, sink 라는 기업 슬로건을 바탕으로 유해물질을 발행하지 않는 친환경적인 기업, 스크래치, 오염, 변색 등의 문제점을 최소화하고 급변하는 시장상황 속에 최고의 품질, 최고의 제품, 최고의 고객 만족을 위해 끊임없이 노력하며 명문장수 기업에 이르렀습니다.

최고의 제품을 위한 혁신을 멈추지 않으며 변화를 두려워 하지 않는 정신으로 전 세계 주방혁신을 이끌겠습니다.

명문장수기업
honored Busines

명문장수기업은 해당 업종에서 45년 이상 건실하게 운영한 기업으로서 일자리 창출, 수출 증대와 같은 경제적 기여뿐만 아니라 사회공헌, 기업역량, 혁신성과, 기업평판 등에 대해 엄정한 평가기준을 적용해 선 정하며 24년 5월 기준 국내에는 총 43개 의 선정 기업이 있습니다.

백조씽크는 22년도 명문장수기업에 선정되었으며 뿐만 아니라 기술혁신형 중소기업, 미래선도 유망중소기업, 청 년친화, 수출 유망중소 기업으로 선정 되는 등 뛰어난 기술력과 디자인 철학 등을 인정받았습니다.

Only Think! Sink!

인셋언더 씽크볼 시리즈

- 소비자의 니즈를 반영하여 다양하게 디자인된 **인셋, 언더형 프레스 SINK**
- 0.6T~1.0T의 STS304 자재를 사용하여 다양한 형태로 고객의 취향에 따라 주방을 개성있게 표현 할 수 있는 씽크볼
- R값이 둥글어 **세척 및 관리에 용이함.**

콰이어트 씽크볼 시리즈

- 설거지 시 발생되는 소음을 현저히 줄인 **국내 최초 개발 콰이어트 SINK**
- 원형형태의 균일한 연마방식을 통한 **유러피안 표면 마감 처리**로 빈티지와 모던함을 동시에 느낄 수 있으며, 현재 유럽시장에도 수출되고 있는 씽크볼
- 일반 씽크볼보다 **약 20~25% 소음 감소 확인**

써큘러 라운드 피니쉬

프리미엄 씽크볼 시리즈

- 두께 1.2T의 **헤어라인 소재**를 사용한 100% 핸드메이드 **프리미엄 SINK**
- 직사각형의 정교한 디자인을 가져 **세련되면서 고급스러운** 유러피안 스타일을 느낄 수 있는 씽크볼
- 5R 모서리 가공으로 씽크볼 세척 시 편리함을 더함.

헤어라인

PREMIUM SINKBOWL 국내 최고급 퀄리티 하이브리드 씽크볼

Calm·forte [깜 : 뽀르떼]

'조용하면서(Calm) 강하다(Forte)'
소재, 디자인, 기능성까지 모든게 완벽해진 씽크볼

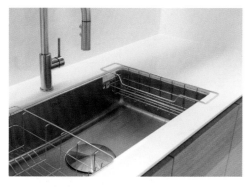

01 콰이어트 [Quiet]

씽크볼의 바닥은 물론 측면까지 3중 특수패드를 부착하여 씽크볼 사용시 발생하는 진동과 소음을 최소화 하였습니다.
(특허등록번호 10-20817110000)
QUIET 패드를 적용한 씽크볼은 일반적인 대화 수준인 60dB로 조용합니다.

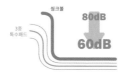

02 엠보 [Embossed]

씽크볼에 접하는 식기류의 면적을 최소화하여 흠집을 감소시키며, 눈에 띄지 않아 깨끗한 씽크볼을 유지할 수 있습니다. (내스크래치성)
물 얼룩이 쉽게 떨어져 세척이 간편하며, 물 얼룩을 시각적으로 최소화할 수 있습니다. (내오염성)
물이 튀는 소리를 억제할 수 있는 구조로 조용한 설거지 환경을 만들어 줍니다. (내소음성)

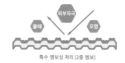

특수 엠보싱 처리 (2중 엠보)

03 코팅 [Coating]

표면 경도가 9H(연필경도) 이상으로 소재 표면의 균힘을 최소화하여 제품의 내구성을 향상시킵니다.
가혹한 기후나 자연조건에도 화학적 변화를 하지 않으므로 표면 부식 및 변색, 탈색이 되지 않습니다.
대부분의 화학약품에도 침식되지 않아 손상을 막을 수 있습니다. (알칼리에 강함)

시스템 창호도 **AT 레하우**가 만들면 다릅니다.

주택의 에너지 성능, 건축 완성도와 디자인을 좌우하는
시스템 창호. 크기와 디자인에 제한이 있다고 알려진
PVC 시스템 창호. 잘 고른 시스템 창호가 바꿀 우리 집
주거 만족도를 이제 독일 시스템 창호 **AT 레하우**를
통해 직접 체험해보세요.

AT 레하우 POINT 3

POINT 1 방화창 비차열 700℃에서 20분
POINT 2 세계 최초 유리섬유 강화 uPVC
POINT 3 최대 높이 H2,800mm

시스템 창호의 새로운 기준

AT REHAU
Windows & Doors

· **더 넓고 시원하게**
· **더 따뜻하고 조용하게**
· **더 튼튼하고 안전하게**

AT REHAU 86
고품질 독일 시스템 창호

uf= **0.851** W/m²K

유리섬유 강화uPVC

86mm MD 프레임
3중 가스캣
6 챔버
3중 유리 : 47mm
2중 유리 : 24mm
단열간봉 : SWISSPACER
HDF 표면 처리
실버 그레이 가스캣

AT REHAU 70
슬림한 디자인의 독일 시스템 창호

uf= **0.989** W/m²K

70mm AD 프레임
2중 가스캣
5 챔버
3중 유리 : 41mm
2중 유리 : 24mm
단열간봉 : SWISSPACER
HDF 표면 처리
실버 그레이 가스캣

AT REHAU 86 창호의 특징
레하우 86mm 프로파일만의 특별함

RAU-FIPRO X

RAU-FIPRO X로 제작된 REHAU 86 프로파일은 높은 강성을 가집니다. 덕분에 금속 보강재 없이 대형 시스템 창호 제작이 가능합니다(일정 규격 이하 제품에 한함).

ISS - Integrated Stiffening System

레하우 본사의 특허 기술로 프로파일 내부의 다중 격실 구조가 스크루를 잡아주어 하드웨어 체결이나 시공 스크루 고정에 있어서 뛰어난 결속력을 가지고 있습니다.

HDF 표면과 우아한 디자인

프로파일은 HDF 표면처리 과정을 거칩니다. 이는 도자기 표면처럼 매끄러운 촉감과 은은한 광택으로 REHAU 86만의 고급스러운 디자인을 완성합니다.

MD 프로파일과 실버 그레이 가스캣

REHAU 86은 중간 가스켓을 가지고 있어 높은 수밀성을 보유하고 있으며 고급스러운 실버 그레이 3중 가스켓으로 최상의 기밀성과 단열성을 확보해 줍니다.

GERMAN TECHNOLOGY

독일 시스템창호
한국 공식 인증 파트너

대표전화 1522-2658
E-mail : yklee205@daum.net

경기지사 경기도 김포시 하성면 월하로 705번길 95
영남지사 경남 진주시 진양호로397번길 8
호남지사 광주광역시 서구 유덕로 83
동부지사 경남 양산시 동면 금오4길 97-14 겔트빌 101호
본　　사 대전광역시 동구 대전로 887 화성BD 101호

철벽방수

고탄성 프리미엄 방수제

방수 전문가와 연구진이 직접 개발한
특허인증 고탄성 프리미엄 무기질 방수제

철벽방수

옥상, 외벽, 욕실, 어디 어떤 상황에서도!
철벽방수가 제안하는 방수 라인업으로
차원이 다른 고성능 셀프방수를 누리다!

옥상 방수용

탄성 무기질 방수제 하도
(프라이머)

탄성 무기질 방수제 중도

탄성 무기질 방수제 상도
(흰색, 녹색)

고탄성 균열 보수제

외벽용

투명 외벽 방수제

투명 외벽 발수제

외벽 방수 페인트

쉥글 방수 페인트(투명, 적갈색)

보수, 욕실, 내벽용

고탄성 균열 방수 크림

수성 우레탄 방수제

고침투 줄눈 방수제

단열, 결로 페인트

이외에도 철벽방수만이 제안할 수 있는 다양한 방수 시공 및 솔루션을 직접 만나보십시오.

고탄성 프리미엄 방수제

Index

단독·전원주택 설계집 A2
HOUSE DESIGN FOR LIVING

초판 1쇄 인쇄   2024년 7월 14일
초판 1쇄 발행   2024년 8월 3일

전원속의 내집 엮음

발행인	이 심
편집인	임병기
편집	신기영, 오수현, 조재희
디자인	이준희, 유정화
마케팅	서병찬, 김진평
총판	장성진
관리	이미경, 이미희

발행처	㈜주택문화사
출판등록번호	제13-177호
주소	서울시 강서구 강서로 466 우리벤처타운 6층
전화	02 2664 7114
팩스	02 2662 0847
홈페이지	www.uujj.co.kr

출력	㈜삼보프로세스
인쇄	케이에스피
용지	한솔PNS㈜

정가 74,000원

ISBN 978-89-6603-073-6